KATE KITCHENHAM

HUNDE

MIT KOSMOS MEHR ENTDECKEN

HALTEN

BESCHÄFTIGEN

ERZIEHEN

SEIT 1822

KOSMOS

INHALT

Die Entscheidung für ein Hundeleben

Hunde sind potenzielle Glückspakete, denn sie tragen die große Gabe in sich, unser Leben bunter, schöner und viel fröhlicher zu machen. Mit einem fröhlichen Hund an unserer Seite haben wir nicht nur einen tollen Freund gewonnen, sondern werden uns auch viel mehr an der frischen Luft bewegen und unser Leben um viele unvergessliche Augenblicke bereichern.

Doch manchmal gelingen Mensch-Hund-Beziehungen nicht und enden in gegenseitigem Missverständnis oder Trennung. Menschen, die ihre Hunde nicht verstehen und Hunde, die aufgegeben haben, ihre Menschen verstehen zu wollen, leben in einer Art Koexistenz, die traurig anzusehen ist – besonders, wenn man weiß, wie innig und toll die Bindung zwischen diesen beiden Arten werden kann. Doch wie gelingt der Traum vom fantastischen Leben mit Hund?

DEN EIGENEN WEG FINDEN

Ganz ehrlich: Bis zum oben blumig beschriebenen Bild des Mensch-Hunde-Glücks kann es manchmal ein etwas holpriger Weg sein, der aber niemals gleich aussieht. Fertige Methoden, die Sie 1:1 anwenden können, werden Sie in diesem Buch deshalb nicht finden. Dafür aber viele Informationen, wie Sie Ihren Hund besser verstehen und in seiner Entwicklung zum Glückspaket optimal unterstützen können. Wichtig ist mir nämlich, Ihr Vertrauen in sich selbst zu stärken: Viel Wissen über Hunde im Hinterkopf zu haben, macht uns sicher, ist gut und richtig. Aber mindestens genauso wichtig ist ein gutes Bauchgefühl. Als Hundehalter müssen wir oft schnell reagieren – da können wir nicht auf auswendig gelernte Handlungsmuster zurückgreifen, sondern müssen sozial flexibel präsent sein. Was ich damit sagen möchte, ist vielleicht das Wichtigste in diesem Buch: Saugen Sie Wissen über Hunde auf, aber achten Sie darauf, zum speziellen Experten für dieses Hundeindividuum zu werden und vertrauen Sie in entscheidenden Situationen auf Ihre Intuition. Denn es gibt nicht einen Weg, der für alle Menschen und Hunde passt. Jeder hat seine eigene Persönlichkeit, in der Beziehung zwischen Hund und Mensch ergibt dies ein Potpourri aus Möglichkeiten, wie in bestimmten Situationen miteinander umgegangen werden kann. Es gibt sensible Hunde, die alles recht machen möchten, und es gibt Querköpfe, die immer wieder unsere Grenzen austesten. Ihren eigenen Charme haben sie alle, ihre Erziehung fordert von uns aber neben Grundlagenwissen viel Einfühlungsvermögen, um jedem gerecht zu werden.

Kate Kitchenham
mit Erna und Knox.

FEHLER MACHEN ERLAUBT

Dass Sie auf dem Weg zum Ziel Fehler machen werden, ist normal. Entscheidend ist, dass Sie aus Ihren Fehlern lernen. Hunde sind zum Glück herrlich unperfekt, vielleicht haben sie genau deshalb selbst so eine hohe Fehlertoleranz entwickelt. Ein bisschen Unvollkommenheit finden Hunde also mit Sicherheit besser, als wenn ein Mensch an ihnen Methoden nacharbeitet, die er sich mühsam angeeignet und auswendig gelernt hat. So endet Hundeerziehung leider oft in gegenseitiger Verständnislosigkeit. Das individuelle Hundewesen zu erkennen, zu verstehen, zu fördern, um dem Hund ein möglichst „hundgerechtes" Leben in unserer stark reglementierten Gesellschaft zu ermöglichen, soll dieses Buch leisten.

ZUM AUFBAU DES BUCHES

Die meisten von uns starten mit einem niedlichen Welpen in ein gemeinsames Leben. Aber es gibt auch viele Menschen, die einen Hund aus zweiter Hand oder dem Ausland adoptieren. Diese Hunde müssen meist auch „von vorne anfangen", deshalb passt auch zu ihnen das Kapitel „Der beste Start" prima, denn es zeigt, wie man das Grund-ABC des sozialen Miteinanders und die ersten Übungen am besten mit dem Anfänger übt, der hier eben oft „Welpe" genannt wird. Das gleiche gilt für das Kapitel für „Pubertiere": Hunde aus zweiter Hand testen nämlich gern mal ihre neuen Menschen aus und haben tolle Ideen für Hobbys, die meist wenig mit unseren Vorstellungen von lustiger Freizeitgestaltung übereinstimmen. Deshalb finden verzweifelte Hundehalter für diese Phasen hier die richtigen Tipps. Parallel zum Text habe ich wichtige Grundsätze und Informationen in Kästen hervorgehoben und neue Studienerkenntnisse einfließen lassen (die Studien finden Sie auf S. 181). Ich wünsche Ihnen von Herzen, dass Sie und Ihr Hund diese einzigartige Verbundenheit erleben können, die zwischen Hund und Mensch möglich ist: Das große Glück, einen glücklichen Hund zu haben!

Ihre Kate Kitchenham

EINE BESONDERE FREUNDSCHAFT

Seelenverwandt — warum wir Hunde lieben

„Der Hund ist das einzige Säugetier, das wirklich mit uns leben kann, nicht nur in unserer Nähe", sagte einst der berühmte Verhaltensforscher Irenäus Eibl-Eibesfeldt (15.6.1928 – 2.6.2018). Doch warum wurden Hunde zu unseren vertrauten Alltagsbegleitern und wie fing alles an?

MENSCHENVERSTEHER

Hunde sind einzigartige Freunde auf vier Pfoten, sie bereichern unser Leben und scheinen jedes Wort zu verstehen. Doch ist das wirklich so? Forschungen bestätigen diese millionenfache Erfahrung von Hundehaltern: Im Laufe ihres Lebens können Hunde einen beachtlichen Wortschatz erwerben und verfügen über spezialisierte Fähigkeiten in der Kommunikation mit Menschen, die sogar Schimpansen fremd sind. Ihr größtes Talent ist die Gabe, uns durch genaue Beobachtung immer besser zu verstehen, zu durchschauen und sich Lebenssituationen und Persönlichkeiten flexibel anzupassen. Diese einzigartige Kommunikations- und Anpassungsfähigkeit haben Hunde einigen Rudeln neugieriger Wölfe zu verdanken, die sich vor 30 000 – 40 000 Jahren auf der Suche nach Fressbarem immer näher an die Lagerstätten unserer Steinzeit-Vorfahren herantrauten. Im Laufe des folgenden, über Jahrtausende langen Domestikationsprozesses spalteten sich diese Ur-Wölfe vom Rest der damaligen Wolfspopulation langsam ab, wurden zu „Protohunden" und irgendwann zu den Hunden, wie wir sie heute kennen. Dieses jahrtausendelange Zusammenwachsen und -arbeiten hat zu genetischen Veränderungen geführt, die Hunde zum besten Menschenversteher im Tierreich qualifizieren.

„CO-DOMESTIKATION" VON HUND UND MENSCH?

Unter manchen Forschern kursiert die Theorie, dass wir uns bei der Kooperation mit unseren ersten Haustieren sozusagen „selbst zivilisiert haben". Demnach mussten unsere Vorfahren aus der Steinzeit im Umgang mit den „Protohunden" lernen, die eigenen Gefühle zu kontrollieren. Das bedeutet, dass sie primäre Wünsche wie „fangen" und „essen" zurückstellten, weil sie einen höheren Plan verfolgten: Sie wollten die Tiere in ihrer Nähe erhalten, denn sie erkannten einen künftigen Nutzen im Zusammenleben mit der anderen Art. Dazu mussten sie das Hundeverhalten beobachten und sich in die wolfsartigen Tiere hineinfühlen. Ein Gefühl für den Umgang mit anderen Lebewesen, das Mitgefühl, könnte auf diese Weise trainiert worden sein.

Das erste Treffen ist ein magischer Moment.

DER MENSCH IM SPIEGEL

Studien konnten zeigen, dass Hunde uns Menschen als bevorzugten Bindungspartner wählen, sie also wahrscheinlich eine Art „genetische Schablone" in sich tragen, die ihnen das Leben in der Nähe von Menschen empfiehlt. So halten sich Hunde in Stresssituationen lieber in der Nähe von Menschen auf, von Hand aufgezogene Wölfe hingegen verlassen sich auf sich selbst oder orientieren sich in der gleichen Versuchssituation eher an Artgenossen. Schon Welpen sind in der Lage, Zeigegesten des Menschen richtig zu interpretieren, und lernen die Bedeutung vieler Wörter in rasender Geschwindigkeit. Sie werden schnell zu Experten unserer Persönlichkeit: Es gibt wohl kein anderes Lebewesen, das unsere Stärken und Schwächen so gut kennt wie ein Hund, der eng mit Menschen zusammenlebt. Hunde wissen genau, wann wir im Gespräch abgelenkt sind, und ergreifen dann die Gelegenheit, in Ruhe das Schulbrot in Gebüsch zu fressen. Auf diese Weise hält uns der eigene Hund täglich einen Spiegel vor und zeigt uns gnadenlos, wer wir sind. Er kann unsere Stimmung erkennen – nicht nur anhand unserer Körpersprache und Stimmlage, die er auf „hundisch" übersetzt, sondern auch daran, wie wir riechen. Denn Hunde haben einen Kommunikationskanal mehr als wir: Nicht

Der Welpe auf Ihrem Arm trägt ein riesengroßes soziales Potenzial in sich.

Vom Tag seines Einzugs hat er uns fest im Blick, beobachtet, lernt unsere Eigenarten kennen und merkt sich, was Erfolg bringt und Spaß macht.

nur ihre präzise Beobachtungsgabe, sondern auch der hochentwickelte Geruchssinn melden dem gut entwickelten Großhirn, wie unsere Stimmung am Morgen ist, wann wir Ärger mit unserem Chef hatten oder gerade glücklich verliebt sind. All das führt dazu, dass Hunde sich sozial flexibel uns oder anderen Menschen gegenüber verhalten können. Sie sehen: Ihr Welpe ist bereit, Ihnen ab sofort eine einzigartige Freundschaft zu schenken und Ihr Leben auf wunderbare Weise zu bereichern. Alles, was er dafür braucht, ist ein verlässlicher, fröhlicher Mensch an seiner Seite, der ihm Orientierung, Sicherheit und viel Liebe schenkt und die entscheidenden Zutaten kennt, die Hunde brauchen, um glücklich zu werden. Und diese verrate ich Ihnen auf der nächsten Seite.

ZUTATEN ZUM GLÜCKLICHSEIN

Orientierung

Hundeerziehung ist eigentlich leicht – weil Hunde uns Erziehung leicht machen. Sie sind soziale Wesen, die uns zu verstehen versuchen und uns nur nach der richtigen Richtung fragen. Deshalb sind sie glücklich, wenn wir ihnen durch die zwei wesentlichen Pfeiler JA und NEIN deutlich zeigen, wann sie etwas fantastisch gemacht haben und was sie bleiben lassen sollen.

Zeit

Machen Sie es Hunden gleich und investieren Sie in diese Freundschaft viel Zeit und Leidenschaft. Der Grund dafür ist einfach: Jede Beziehung, die wir innig pflegen, wird wertvoll. Umso besser wir uns vorbereiten, uns immer wieder überdenken, verbessern und uns für den Hund Zeit zum Spielen, Abenteuer-Erleben, Lernen und für vertraute Nähe nehmen, desto inniger und fester wird das Band der Freundschaft, das uns verbindet.

Verhundlichung

Hunde sind keine kleinen Menschen, trotzdem können wir nach dem heutigen Stand der Wissenschaft davon ausgehen, dass sie vergleichbare Gefühle erleben wie wir. Die Architektur des Säugetiergehirns inklusive des Hormonsystems hat den gleichen Grundbauplan. Deshalb entwickeln Hunde Strategien, erleben Emotionen und sogar komplexe Gefühle wie „ungleiche Behandlung" oder „Eifersucht". Ich möchte Sie deshalb ermutigen, sich möglichst oft in Ihren Hund „hineinzufühlen". Einfühlungsvermögen bedeutet, dass wir unsere eigenen Absichten, Erwartungen und Gefühle auch bei anderen Menschen oder Tieren erwarten. Hunde machen das auch: Vom Moment ihres Einzugs behalten sie uns im Blick, analysieren unser Verhalten und „verhundlichen" uns dabei. Gehen wir z. B. mit stampfenden Schritten vornübergebeugt und tief grummelnd oder leichtfüßig tänzelnd und ein Liedchen trällernd durchs Haus, dann leiten sie daraus ab, dass wir wütend oder fröhlich sind. Durch diesen Abgleich unseres mit ihrem Verhalten versuchen sie zu erahnen, was in uns vorgeht und was wir

Hunde lieben Abenteuer, aber auch gemeinsames Ausruhen verbindet – sie dösen, schlafen, ruhen bis zu zwei Drittel des Tages.

eventuell als Nächstes tun werden. Um ihn besser zu verstehen, dürfen Sie Ihren Hund also vermenschlichen – solange Sie ihn nicht in Puppenkleider stecken oder in einer Handtasche spazieren tragen. Respektieren Sie sein „Hund sein", lassen Sie ihn möglichst oft an Laternenpfählen und Häufchen schnuppern, mit Kumpels über Wiesen toben, mit anderen Hunden streiten üben. Bieten Sie ihm eine Beschäftigung, die seine spezialisierten Sinne auslastet und zu seiner Persönlichkeit passt. In all diesen Situationen werden Sie wahrnehmen, dass er mal glücklich, konzentriert, stolz oder frustriert wirkt und diese Momente wahrscheinlich sehr ähnlich erlebt wie wir – ein schönes, verbindendes Gefühl, und total okay.

Anerkennung

In einem ganz wesentlichen Punkt unterscheiden sich Hunde von Meerschweinchen, Fischen und Katzen: Sie wollen zu unserem Leben dazugehören und eine Bedeutung darin haben. Hier ähneln sie wiederum uns Menschen, denn wer von uns möchte nicht für jemand anderen – oder zumindest für eine bestimmte Aufgabe – wichtig sein? Hunden geht es genauso. Sie lieben Erfolgserlebnisse – und bevor sie sich selbst welche verschaffen, sollten Sie ihnen Erfolgsmomente bieten, an denen Hunde wachsen können und für die sie unsere fröhliche Anerkennung ernten. Diese Herausforderungen fördern die Problemlösekompetenz, stärken die Bindung und schenken Hunden eine Art „Sinn im Leben". Das ist wichtig, weil sie ursprünglich nicht als Bettwärmer, sondern für bestimmte Aufgaben gezüchtet wurden. Also: Bieten Sie Ihrem Hund Lernstoff, an dem er wachsen kann, und loben Sie ihn mit viel Freude über seine fantastische Leistung.

Parallelwelt

In der Brust eines Hundes schlägt trotz jahrtausendelangen Zusammenlebens mit Menschen immer noch ein Hundeherz. Deshalb müssen wir unbedingt dafür sorgen, dass sie viel Hund sein dürfen! Eine tschechische Studie hat gezeigt, dass Hunde im Park am meisten Zeit mit Schnuppern, gegenseitiger Geruchskontrolle, Markieren und Spielen verbringen. Am entspanntesten sind dabei Hunde, die ohne Leine laufen und frei Kontakt aufnehmen dürfen, ohne dass Menschen sich ständig einmischen –

hier kam es bei 1 870 dokumentierten Hund-Hund-Interaktionen zu keiner einzigen beschädigenden Auseinandersetzung. Kontaktsituationen an der Leine verliefen stressiger: Hier war die Stimmung nicht so entspannt, die Wahrscheinlichkeit einer aggressiven Reaktion mehr als doppelt so hoch als im Freilauf (Rezác et al, 2011). Glückliche Hunde haben also viele freie Kontaktmöglichkeiten zur eigenen Art. Sie kommen nicht nur mit guten Kumpels, sondern auch mit flüchtigen Bekanntschaften zurecht, denn sie durften als Welpen lernen, wie man sich als Hund richtig benimmt oder Konflikte managt (siehe S. 67, 87, 155). Durch tägliche ausgiebige Schnüffelei sind sie stets über den Status aller Hunde in der Umgebung aktuell informiert. Was für ein schönes Hundeleben!

Respekt

Werden Hunde als Hunde ernst genommen und gefördert, können sie sich zu selbstsicheren und fröhlichen Begleitern entwickeln. Ähnlich wie Menschen, die sich durch ein liebevoll führendes Elternhaus wichtig, geliebt und als Individuum geschätzt fühlen. Noch etwas zeichnet solche ausgeglichenen Hunde aus: Durch ihr freundliches Wesen haben sie die Gabe, nicht nur unser, sondern auch das Leben anderer Menschen zu bereichern. Als Halter eines fröhlichen Hundes stehen Ihnen dadurch die meisten Herzen dieser Welt offen. Sie werden sich wundern, wie viele fremde Menschen Ihnen plötzlich zulächeln oder neugierig Fragen stellen. Und natürlich Respekt zollen, für diesen großartigen, liebenswerten Freund an Ihrer Seite.

Hunde heute – Familienmitglied mit Fell

Hunde passen unglaublich gut zu uns und bereichern unser Leben. Doch warum ist das so und was brauchen Hunde für eine entspannte Freundschaft zu uns Menschen?

WARUM HUNDE ZU UNS PASSEN

Familienstruktur

Wölfe, aber auch manche freilebenden Hundegruppen leben in ähnlichen Familienverbänden zusammen: Mutter, Vater und ältere Geschwister teilen sich die Aufzucht des Nachwuchses, erziehen mit und leben vor, wie man als Wolf oder Streuner gut durchs Leben kommt. Dabei bedienen sie sich ganz ähnlicher pädagogischer Prinzipien: Ein inniges, freundliches Miteinander ist am wichtigsten, gepaart mit der Einhaltung bestimmter sozialer Regeln.

Sozialarbeiter Hund

Hunde sorgen für eine Zunahme an fröhlichen Kontakten zu Mitmenschen. Um diese tägliche Erfahrung von Hundebesitzern wissenschaftlich zu überprüfen, ließen Forscher diese mal mit, mal ohne Hund durch den Londoner Hyde Park laufen und notierten, wie viel Kontakt die Personen dabei zu Fremden hatten. Das Ergebnis war eindeutig: Der Gang mit Hund führte zu zahlreichen Gesprächen, die Wanderung allein war dagegen ein vergleichsweise einsames Erlebnis. Der Grund: In unserer Kultur ist es nicht üblich, fremde Menschen anzusprechen – es sei denn, man erkundigt sich nach dem Weg oder der Uhrzeit. Werden wir hingegen von kleinen Kindern oder Hunden begleitet, gilt diese Regel nicht. Das Kind oder der Hund werden als Brücke genutzt, um mit dem anderen Erwachsenen ins Gespräch zu kommen.

Sicherheitsfaktor

Wer einen Hund an seiner Seite hat, fühlt sich sicherer. Das liegt u. a. an seiner beruhigenden Präsenz. Besonders in Lebenskrisen zeigt uns seine stille Anwesenheit, dass wir nicht allein sind, das Streicheln des weichen Fells beruhigt. Zudem stehen sie uns in beängstigenden Situationen zur Seite. Auch ein Schaf im Wolfspelz, das neben uns steht, während wir am Automaten Geld abheben, schreckt ab und schenkt uns dadurch Schutz und Sicherheit.

Gemeinsam Spaß haben – der Bindungsbooster für Mensch und Hund.

Hunde halten fit

Mit einem Hund spazieren zu gehen, tut nicht nur dem Hund gut: Auch wir profitieren von der regelmäßigen Bewegung an frischer Luft, den Eindrücken der Welt um uns herum, den Gesprächen, die sich unterwegs mit anderen Menschen ergeben. Dass unser körperliches und seelisches Wohlbefinden durch Hundehaltung positiv beeinflusst wird, ist in vielen Studien nachgewiesen worden. Hundehalter sind weniger übergewichtig, genesen schneller nach schwerer Erkrankung, gehen seltener zum Arzt, ihre Kinder sind allergieresistenter.

Hunde sind flexibel

Für Hunde gilt: Dabei sein ist alles. Das macht das Leben mit ihnen herrlich unkompliziert. Hunde, die gut sozialisiert und erzogen wurden, sind (fast) überall gern gesehene Begleiter: Ob im Restaurant oder Urlaub – Hunde passen sich schnell unterschiedlichsten Situationen an, lieben Abwechslung und neue Erlebnisse.

Glücksgefühle und Lebensfreude

Sei es das Lachen beim Spiel mit dem Hund, die gemeinsamen Erfolgserlebnisse beim Training, das vertraute Kuscheln oder die große Wiedersehensfreude, wenn wir nach einem Arbeitstag nach Hause kommen und vom Hund begrüßt werden: Hunde steigern unsere Lebensfreude. Wissenschaftliche Untersuchungen haben gezeigt, dass während der Zweisamkeit und schon beim Ansehen zwischen Hund und Mensch das Glückshormon Oxytocin in die Blutbahn ausgeschüttet wird – und schon fühlen wir uns beide pudelwohl. Und das sogar mit Rückkopplungseffekt: Eine Studie konnte zeigen, dass der Oxytocingehalt bei Hund und Mensch steigt, je länger sie sich in die Augen schauen. Spielen macht beim Erleben positiver gemeinsamer Gefühle nicht nur Spaß, sondern es festigt auch die Bindung. Denn Spielsignale sind universell und werden vom Gegenüber leichter verstanden. Auf der Spielebene kann die Kommunikation im Nahbereich immer weiter verfeinert werden, wir lernen uns besser kennen und lieben.

Bunte Hunde — wer passt zu wem?

Tolle Hunde trifft man überall. Ob ein Hund jedoch gut mit uns leben kann, wird ihm häufig schon „in die Wurfkiste gelegt". Beim Suchen und Finden Ihres ganz persönlichen „Traumhundes" hilft Ihnen deshalb das „Gewusst Wie".

DER WEG ZUM TRAUMHUND

„Zum Hund kommen" kann man auf alle nur erdenklichen Weisen. Und das ist gut so. Doch denken Sie daran: Das Zusammenleben mit einem Hund wird viele Jahre dauern. Ihr Hund sollte deshalb gut zu Ihnen und Sie gut zu Ihrem Hund passen.

Seine Anlagen

Als Zuchtergebnis einer oder mehrerer Rassen trägt jeder Hund bestimmte rassetypische Anlagen in sich. Entscheiden Sie sich also für einen Jagd-, Hüte- oder Schutzhund, können Sie mit großer Wahrscheinlichkeit davon ausgehen, dass sich Ihr Freund in vielen Situationen auch wie einer benehmen wird.

Die Eltern

Als Kind seiner Eltern kann er außerdem die Wesensarten dieser beiden Individuen weitertragen. Soll heißen: Die tollsten Eigenschaften einer Rasse können über die Elterntiere verwässert werden, wenn beide von Mutter Natur mit einem schwachen Nervenkostüm ausgestattet wurden oder im Laufe ihres Lebens schlechte Erfahrungen gemacht haben, die ebenfalls zu Veränderungen am Erbgut führen können. Die Bekanntschaft der Eltern Ihres Welpen und eine ausführliche Inspektion der Lebens- und Aufzuchtbedingungen sollten Sie deswegen unbedingt machen. Das gilt auch für Mischlingswelpen!

Der Züchter

Der erste Menschenkontakt findet bei vielen Hunden im Zuhause des Züchters statt. Ein guter Züchter ist besonders wichtig, denn durch epigenetische Studien wissen wir heute, dass bereits die Kindheit der Eltern- und Großelterngeneration Einfluss auf die Persönlichkeitsentwicklung des Welpen haben kann. Auch eine entspannte Trächtigkeit ist wichtig für die spätere Resilienz, also psychische Stärke eines Hundes. Die ersten Erlebnisse mit Zweibeinern prägen dann das Menschenbild des Welpen zusätzlich besonders stark. Deshalb sollte er neben einer fürsorglichen Mutter und dem Kontakt zu älteren Geschwistern von Anfang an täglich mit liebevollen Bezugspersonen in Verbindung stehen, die ihn berühren, mit ihm spielen und die menschliche Umgebung erkunden lassen.

Die neuen Besitzer

Dann kommt es auf Sie an: was aus einem Hund werden wird, liegt zum großen Anteil an Ihnen. Denn Hunde sind wie wir Menschen Lerntiere. Sie kommen zwar mit bestimmten Anlagen zur Welt. Wie Sie sich entwickeln können, hängt aber vom neuen Zuhause und der Qualität des Lehrers ab. Unter Wölfen und in freilebenden Hundegruppen gestalten Eltern und große Geschwister den Lehrplan. Beim Zusammenleben mit Menschen rücken Besitzer in diese Position: Verschiedene Studien haben immer wieder bestätigen können, dass sich Hunde ihren Menschen gegenüber in Stresssituationen wie Kleinkinder benehmen; sie suchen bei uns Schutz und fragen nach Orientierung.

Wir müssen ganz ähnlich wie bei der Kindererziehung zwei wichtige Dinge besonders beherzigen:

Sichere Basis: Wir sind liebevoll, spielen viel mit dem Hund, bieten ihm Nähe, aber lassen ihn auch die Welt erkunden. Durch unser immer gleiches, ruhiges Verhalten bieten wir ihm dabei Orientierung und das schenkt Sicherheit. Der Welpe oder Tierschutzhund wird sich dadurch schneller an uns binden, lernt fix, wird selbstbewusster und kann sich bald in der Menschen- und Hundewelt zurechtfinden.

Sicherer Hafen: In aufregenden Situationen bieten wir dem Hund Rückhalt. Wir stehen für ihn ein, wenn er zu sehr bedroht wird oder von Situationen überfordert ist. Um dies zu verhindern, steigern wir langsam, immer angepasst an die individuelle Hundepersönlichkeit, die Herausforderungen des täglichen Lebens.

Nehmen Sie sich für das erste Jahr im Leben Ihres Hundes oder die erste Zeit mit Tierschutzhund also besonders viel Zeit. Der schöne Lohn: Sie werden für die restlichen 10 bis 15 Jahre einen großartigen Begleiter an Ihrer Seite haben!

Wir sind verantwortlich dafür, Hunden die Welt zu erklären und ihnen zu zeigen, wie man gut durchs Leben kommt.

CHARAKTERHUNDE — VOM APPORTIER- BIS WINDHUND

Hunderassen zeigen je nach Ursprungsverwendung verschiedene Wesenszüge. Deshalb orientiert sich diese Übersicht nicht unbedingt an den Kategorien der Féderation Cynologique International (FCI).

	BESCHREIBUNG	FÜR WEN GEEIGNET?	RASSEBEISPIEL
Hütehunde	Genetisch bedingt sehr lernfreudige und sensible Hunde. Diese Rassen brauchen besonders im ersten Jahr einen ruhigen Umgangston, als Lernstoff reicht die Gewöhnung an die Welt und das Basis-ABC der Hundeerziehung. Sowohl bei Unterforderung als auch monotoner Überbeschäftigung können sie schnell stereotypes Suchtverhalten entwickeln.	Gut geeignet für aktive Familien, Paare oder Einzelpersonen, die viel Zeit und Lust auf anspruchsvolles, niemals einseitiges Hundetraining haben. Ein „Zuviel des Guten" kann zu Hyperaktivität führen. Deshalb müssen bewusst Ruherituale geübt werden und eintönige Spiele – Stichwort „Balljunkie" – vermieden werden.	Anspruchsvoll sind Border Collie, Australian Shepherd, Berger des Pyrénées, Altdeutsche Hütehunde wie Harzer Fuchs, einfacher sind Kurz-, Langhaar, Bearded Collie oder Sheltie.
Herdenschutzhunde	Sehr eigenständig denkende und handelnde, charakterfeste Hunde. Herdenschutzhunde sollen sich eigentlich für Schaf- oder Ziegenherden verantwortlich fühlen und für deren Schutz mutig Wölfen oder Bären entgegenstellen. Das erfordert von ihnen, selbstständig Entscheidungen treffen und mutig aufzutreten zu können, sobald sie Gefahr wittern. Dann können diese Hunde plötzlich von 0 auf 100 einen Spaziergänger am Horizont als vermeintlichen Bären verbellen, was bei ihrer Körpergröße schnell zu Herzinfarkten oder Ärger führen kann.	Diese Hunde brauchen unbedingt Menschen, die hundeerfahren sind, bei der Erziehung einen langen Atem und Durchsetzungsvermögen zeigen und trotzdem keinen Kadavergehorsam erwarten. Hier ist vorausschauendes Denken und schnelles Reaktionsvermögen gefragt. Herdenschutzhunde müssen besonders intensiv sozialisiert werden, das erfordert ein abwechslungsreiches Besuchsprogramm verschiedener Menschen und Hundetypen. Tägliche, lange Hunderunden und Kontakte zu Artgenossen müssen diese Hunde gut auslasten, wenn keine eigene Herde bewacht werden muss. Durch die ausgeprägte Territorialität und das laute Bellen, besonders in der Dämmerung, ist er kein Hund für die Reihenhaussiedlung!	Maremmen-Abbruzzen-Schäferhund, Kangal, Kuvasz, Pyrenäenberghund, Mischlinge aus diesen Rassen

	BESCHREIBUNG	FÜR WEN GEEIGNET?	RASSEBEISPIEL
Jagd-, Stöber- Apportier- und Dachshunde	Sehr schnelle Auffassungsgabe und ein großer Lernwille, teilweise gepaart mit einer großen Portion an Energie. Die Leidenschaft zum Stöbern, Hetzen oder Apportieren von Wild muss früh in die richtigen Bahnen gelenkt werden. Durch eine „rassegerechte" Beschäftigung können Jagdhunde aber trotz Hetzverbot auf Jogger und Hasen sehr glücklich und zufrieden werden.	Im Umgang mit Menschen sind Jagdhunde oft sehr sensibel, anhänglich und verschmust. Dadurch sind Jagdhunderassen heute zu Recht beliebte Familienhunde. Weil Familien aber nicht wollen, dass der Spaniel auf der Gassirunde einen zu Tode gehetzten Hasen apportiert, muss den Jägern leider ein lebenslanges Jagdverbot erteilt werden. Im Gegenzug sollte man diesen Hunden unbedingt andere Aufgaben bieten, die ihrer hervorragenden Nase und dem wachen Kopf viel zu tun geben. Das erfordert Zeit und Kreativität von uns …	Labrador-, Flat coated-, Golden Retriever, Cockerspaniel, Münsterländer, Setter, Dackel, Magyar Vizsla, Weimaraner, Englisch Springer Spaniel, Mischlinge aus diesen Rassen
Wachhunde	Die Wächter von Haus und Hof haben ebenfalls eine sehr gute Lernbereitschaft (Hovawart, Riesenschnauzer) bis extrem schnelle Auffassungsgabe (Malinois, Schäferhund). Überzeugt sie ein Mensch mit tollen Führungsqualitäten, können sie sehr treu sein, aber reagieren immer zurückhaltend bis misstrauisch gegenüber Fremden. Sobald diese Hunde jedoch merken, dass der Unbekannte von seinem Menschen freundlich begrüßt und gemocht wird, ändert er sein Verhalten: Er zeigt dann seine nette und oft humorvolle Seite.	Menschen, die sich neben einem treuen Begleiter durchs Leben auch die Bewachung von Haus und Hof wünschen; ist dies nicht nötig, so kann die Freude am Bewachen durch richtige Erziehung gut kontrolliert werden. Diese Hunde brauchen neben Menschen mit der Fähigkeit zu freundlicher, aber klarer Kommunikation unbedingt Ersatzaufgaben, damit sie sich nicht aus Langeweile eigene Erfolgserlebnisse verschaffen. Zum Beispiel Schulkinder oder Omas am Zaun erschrecken. Eher nicht geeignet für Menschen mit wenig Hundeerfahrung.	Riesenschnauzer, Hovawart, Dobermann, Boxer, Dogge, Rottweiler, Schäferhund, Malinois, Mischlinge aus diesen Rassen

	BESCHREIBUNG	FÜR WEN GEEIGNET?	RASSEBEISPIEL
Begleit- und Gesellschaftshunde, „Schoßhund"	Entstanden sind diese Hunde als Begleiter der Damenwelt der Oberschicht, um diesen die Langeweile zu vertreiben. Diese Herkunft erkennt man bis heute, denn sie erfüllen immer noch optisch alle Kennzeichen des „Kindchenschemas": sie sind klein und handlich, haben meist im Verhältnis zum Körper große Köpfe, mit vorn am Schädel sitzenden Knopfaugen und oft kurzen Schnauzen. Deshalb sollte man die kleinen Kerle aber nicht unterschätzen. Sie können eine Menge lernen und zeigen oft großen Mut, wenn es darum geht, ihren Besitz zu verteidigen.	Trotz ihrer niedlichen Optik wollen die kleinen Clowns nicht als Accessoire oder „Spielzeug" angesehen werden, sondern unbedingt als Hund ernst genommen werden. Deshalb ist es wichtig, bei ihnen genauso viel Zeit in Sozialisation und Erziehung zu investieren, damit ihr Potenzial voll ausgeschöpft wird. Denn dann werden sie zu freundlichen und fröhlichen kleinen Hunden, die überallhin mitgenommen werden können und alles machen dürfen, was andere Hunde auch gern tun: sich dreckig machen, viel lernen und Spaß haben mit anderen Hunden zum Beispiel.	Chihuahua, Pekingese, Bichon, Zwergpudel, Mops, Kromfohrländer, Shi Tsu, Frisé, Lhasa Apso, Löwchen
Windhunde	Die Sichtjäger scannen den Horizont fast ständig nach Bewegungsreizen ab – passt man nicht auf, kann man sie genau dort lange Zeit elegant rennen sehen. Im Haus sind diese sensiblen Hunde dann regelrechte „Couch-Potatoes", die am liebsten verknotet mit Artgenossen unsere Sofas und Sessel besetzen. Sie sind klassische „Ein-Mann-Hunde" und zu sehr viel Nähe und Zuneigung fähig.	Für Menschen, die keinen Kadavergehorsam erwarten und wissen, dass Freilauf nur bei wenigen Individuen möglich ist, könnten Hunde dieser Rassen gut passen. Weitere wünschenswerte Eigenschaften für Windhund-Besitzer: eine ruhige Ausstrahlung und Ideen für passende Auslastung. Ist das nicht gegeben, benehmen sich Windhunde außer Haus wild und ungebändigt.	Whippet, Galgo Espagnol, Greyhound, Afghane, Saluki, Irischer Wolfshund
Hunde vom Urtyp	Meist arbeitsfreudige Hunde mit schneller Auffassungsgabe. Sie lieben es, im Team zu agieren oder lange an der frischen Luft unterwegs zu sein – am besten mit vielen anderen Hunden und Menschen. Starke Persönlichkeiten, die sich nicht sofort jedem Menschen anschließen, sondern gute Gründe dafür brauchen.	Menschen, die sich gern und viel bewegen. Besonders Huskys brauchen eine Ausbildung, die über den Grundgehorsam hinausgeht und sie körperlich und geistig fordert – z. B. als Zughund. Keine Hunde für Wetterfühlige oder Menschen mit Angst vor Dreck im Haus!	alle Schlittenhunde, Spitz, Chow Chow, Eurasier

	BESCHREIBUNG	FÜR WEN GEEIGNET?	RASSEBEISPIEL
Laufhunde / Schweißhunde	Wie der Name schon andeutet, haben diese Hunde einen riesigen Bewegungsdrang, dem wir unbedingt gerecht werden sollten. Im Jagdwesen werden sie immer noch viel als Meutehunde eingesetzt. Durch die erwünschte Selbstständigkeit müssen Sie mit Geduld und besonders viel Konsequenz erzogen werden.	Laufhunde brauchen souveräne Menschen mit einer klaren Vorstellung vom Ziel der Erziehung, aber auch einer guten Portion Humor, um die häufigen Rückschläge während der Erziehung besser verkraften zu können. Wenn die Besitzer genauso stur und fröhlich wie ihre Hunde sind, werden sie zu sehr freundlichen, unkomplizierten Begleitern.	Dalmatiner, Rhodesian Ridgeback, Beagle, Basset, Bloodhound
Terrier	Energiegeladen, intelligent und sehr selbstsicher – diese Charaktereigenschaften treffen auf die meisten Terrier zu. Sie lernen schnell tolle und doofe Sachen und neigen gleichzeitig zu grenzenloser Selbstüberschätzung. Ihr Selbstbewusstsein kann durch ihre ursprüngliche Verwendung erklärt werden: Sie sollten Fuchs und Dachs aus dem Bau jagen, dazu muss man größenwahnsinnig sein. Langweilt sich ein Terrier, gestaltet er sich die Welt, wie sie ihm gefällt – und das schafft Probleme.	Menschen, die mit genauso viel Energie und Humor ausgestattet sind und sich viel Zeit nehmen können. Terrier müssen unbedingt die Gelegenheit bekommen, ein einigermaßen realistisches Selbstbild entwickeln zu können. Deshalb brauchen sie neben einem souveränen Menschen viel Kontakt zu Artgenossen aller Größenordnungen. Ein Terrierherz bindet sich schwerlich zweimal, besonders liebt er Menschen, die einen genauso starken Willen haben wie er und mit denen man viel Spaß haben kann.	Airdale-, Irish Soft Coated Wheaten-, Jack Russell, Parson Russel, Irish Terrier, Yorkshire Terrier
Sogenannte „Kampfhunde"	Intelligente, sensible Hunde, die aufgrund fragwürdiger Hundeverordnungen in manchen Bundesländern als Listenhunde geführt werden. Ursprünglich wurden sie tatsächlich in Hundekämpfen eingesetzt, seriöse Züchter achten heute aber auf die Zucht wesensfester, freundlicher Hunde. Das Kampfhund-Image haftet den Rassen bis heute an und sorgt dafür, dass sich leider immer wieder die falschen Menschen für diese Hunde interessieren.	Verantwortungsbewusste Hundehalter, die wie alle anderen von Anfang an auf eine gute Sozialisierung und geistige Auslastung der Hunde achten. Als typische Terrier haben sie einen starken Willen und brauchen einen Menschen, der sie überzeugt. Diese Hunde lieben es, Herausforderungen mit ihren Menschen zu meistern, und könnten fast überall eingesetzt werden. Durch ihr schlechtes Image kommt nur leider selten jemand auf diese Idee.	Pitbull-Terrier, American Staffordshire Terrier, Bullterrier

EIN WELPE VOM ZÜCHTER

Sie haben sich für eine Rasse entschieden? Dann beginnt jetzt die Suche nach dem besten aller Züchter. Planen Sie dafür viel Zeit ein, denn besonders Modehunde werden wegen der großen Nachfrage mit kriminellen Methoden in Massen gezüchtet. Lassen Sie die Finger von Internetportalen und Zeitungsannoncen, die mit billigen Rassewelpen werben. Züchter, die schon am Telefon viele günstige Welpen aus unterschiedlichen Würfen anpreisen und evtl. auch mehrere Rassen haben, sollten Sie ebenfalls misstrauisch machen. Das kann nur bedeuten: Hier will jemand mit wenig Aufwand viel Geld verdienen. Billig zahlt sich nicht aus – das werden Sie spätestens dann merken, wenn Sie viel mehr als das beim Kauf gesparte Geld beim Tierarzt wieder ausgeben.

Wahl des Züchters

Den guten Züchter erkennen Sie daran, dass er sich mit Liebe und Leidenschaft um „seine" Rasse kümmert. Hilfreich bei der Suche (aber nicht unbedingt notwendig) ist, wenn ein Züchter beim VDH (Verband für das Deutsche Hundewesen) registriert und in einem ihm angeschlossenen Rassezuchtverein Mitglied ist. Der Grund: Die Züchter des VDH müssen sich an Zuchtrichtlinien halten, die das Ziel haben, die Gesundheit und das Wesen der Rasse zu erhalten. Mittlerweile erfüllen diese Auflagen aber auch „freie" Zuchtverbände. Hier hilft nur das persönliche Gespräch und das Kennenlernen mehrerer Züchter und ihrer Zuchthunde, um herausfinden zu können, wer wirklich mit Herz und Verstand bei der Sache ist.

1. Mit einem Hund aufzuwachsen, davon können Kinder enorm profitieren.

2. Welpen sind alle süß, aber ihre Herkunft ist wichtig.

1

2

Welpen brauchen in den ersten Lebenswochen ein liebevolles, fachkundiges Umfeld.

Kriterien eines guten Züchters

Damit Sie nicht die Übersicht verlieren, können Sie sich bei der Suche an diese Kriterien halten:

— Der Züchter hat nur wenige aktive Zuchthündinnen im Alter von zwei bis acht Jahren, die zwischen den Würfen eine Deckpause von mindestens zwei Jahren einlegen, und stets nur einen Wurf, damit er diesen mit viel Zeiteinsatz betreuen kann.

— Die Hunde werden im Haus gehalten, sodass sie mit viel Kontakt zu uns, unseren Alltagsgeräuschen und -gewohnheiten aufwachsen.

— Die Elterntiere sind auf Wesensfestigkeit und Gesundheit (z. B. Hüftgelenks-/Ellenbogengelenksdysplasie und rassespezifische Gentests) geprüft.

— Die „Verpaarung" wurde vom Zuchtverband offiziell bestätigt, damit die Elterntiere nicht zu eng miteinander verwandt sind und dadurch Inzucht vermieden wird.

— Es gibt eine vom Zuchtverband bestätigte Ahnentafel, die sich über mehrere Generationen zurückverfolgen lässt.

— Die Hunde haben einen vertrauten, liebevollen Umgang mit dem Züchter, sie begrüßen Sie freundlich, alles ist sauber und man spürt, dass diese Hunde nicht als Geldbringer, sondern um ihrer selbst willen geliebt werden. Deshalb gehören auch alte Hunde mit zur Familie, denn sie werden nach Ende der Zuchttauglichkeit nicht „ausrangiert".

Ein guter Züchter weiß neugierige, freundliche Frager zu schätzen. Das signalisiert ihm nämlich, dass Sie sich ausgiebig auf Ihre Verantwortung als Hundehalter vorbereiten und vorab informieren. Und damit liegen Sie als Bewerber für einen seiner kostbaren Welpen schon mal gut mit im Rennen. Bei einem Welpen aus einer guten Zucht sollten Sie sich je nach Rasse von vornherein auf einen Preis zwischen 900 bis 1500 Euro einstellen. Das ist viel Geld, aber dafür können Sie sich hier einigermaßen sicher sein, dass der Hund nicht nur das Aussehen hat, sondern auch gesund ist und die erwünschten Eigenschaften mitbringt, für die Sie sich bei dieser Rasse so begeistern konnten.

CHECK

ANRUF BEIM ZÜCHTER

Damit Sie keine wichtige Frage vergessen, schreiben Sie vor dem ersten Telefonat besser eine „Liste", die Sie dann Punkt für Punkt durchgehen können:

— Ist der Züchter Mitglied in einem Rassehundeverein des VDH oder eines anderen Verbandes?

— Welchen Prüfungen wurden die Elterntiere vor der Zuchtzulassung unterzogen (Wesenstest, Arbeitsprüfung, Gesundheitschecks)?

— Wie viele aktive Zuchthündinnen hat er und wie lange ist die Deckpause der Hündinnen?

— Wie viele Würfe betreut der Züchter gleichzeitig?

— Werden die Welpen im Haus geboren und leben dort bis zur Abgabe?

— Haben sie ab der fünften Woche Kontakt zu netten Kindern unterschiedlichen Alters?

— Gibt es weitere Hunde im Haus, zu denen die Welpen Kontakt haben dürfen?

— Leben auch die alten Zuchthunde noch mit in der Gruppe?

Wer viel Aufwand für wunderbare Welpen betreibt, ist natürlich auch wählerisch, was die Auswahl der Bewerber für „seine Hundekinder" betrifft. Bitte reagieren Sie deshalb nicht beleidigt, wenn der Züchter wiederum viele persönliche Fragen an Sie und Ihr Lebensumfeld stellt. Nehmen Sie dies besser als weiteren Hinweis dafür, dass Sie hier den richtigen Züchter für Ihr Hundekind gefunden haben – nämlich einen, dem das künftige Wohlergehen seiner Welpen mehr am Herzen liegt als ein sicheres Verkaufsgeschäft.

ÜBERRASCHUNGSPAKET MISCHLINGSHUND

Für Sie soll es nicht nur eine Rasse, sondern gleich ein bisschen mehr sein? Dann sind Sie mit einem Mischlingshund gut beraten. Doch beachten Sie: Bei den kleinen Unikaten weiß man vorher nie, wie der fertige Hund aussehen wird. Und auch das Elternhaus spielt eine wichtige Rolle, denn die Eigenschaften der Rassen von Mutter und Vater Hund werden sich mit ziemlich großer Wahrscheinlichkeit im Wesen Ihres Hundes widerspiegeln. Ansonsten gelten beim Besuch des Mischlingswurfes die gleichen Regeln wie beim Zuchtprofi (siehe S. 24 ff.).

Eine gute Kinderstube ist wichtig

Hat ein Welpe in den ersten Wochen seines Lebens keinen oder nur wenig Kontakt zu Menschen, wird sogar weggesperrt, weil er „ja so viel Dreck und Unordnung macht", dann lernt er weder Menschen als Bindungspartner noch unsere Alltagswelt kennen. Viele dieser Hunde können später eine gewisse Scheu uns, Staubsaugern oder Autos gegenüber ihr Hundeleben lang nicht wirklich oder nur mit geduldigem Training ablegen. Kommt ein Hundebaby hingegen in dieser wichtigen ersten Zeit mit vielen netten Menschen aller Altersstufen und allen Alltagsgeräuschen in intensiven Kontakt

Wach, fröhliche, aufgeschlossen – so sollten Sie von Welpen begrüßt werden.

und wächst in einem harmonischen Umfeld auf, dann ist die beste Basis für eine enge Bindung und viel Vertrauen zu Menschen geschaffen.

Die ersten Eindrücke im Leben eines Welpen können ihn also für sein Leben beeinflussen. Deshalb achten Sie genau darauf:
— Wie verhält sich die Mutterhündin gegenüber dem Besuch? Ist sie entspannt im Umgang mit „ihren" Menschen?
— Sind die Welpen fröhlich und verspielt?
— Werden die Tiere gut gefüttert, sind weder zu dick, noch zu dünn und sind sie entwurmt worden?
— Besteht vielleicht die Möglichkeit, auch den Vater der Welpen kennenzulernen? Bei einem Mischlingswelpen sollten Sie unbedingt versuchen, beide Elterntiere zu sehen. Nur so können Sie sich ungefähr ein Bild davon machen, wie Ihr Hund später aussehen, welches Wesen und Temperament er haben wird und ob diese „Mischung" zu Ihnen und Ihrem Leben passt.

So sehen gesunde Welpen aus

Egal, ob Rasse oder Mischling: Welpen müssen gesund aussehen. Sie sollten einen klaren, wachen Blick und keine tränenden oder gar verklebten Augen haben. Dicke, pralle Bäuche können ein Hinweis auf Wurmbefall sein. Fragen Sie den Züchter nach der Gesundheitsvorsorge: Ein verantwortungsvoller Züchter führt bei seinen Hunden ab der zweiten Lebenswoche regelmäßig Wurmkuren durch, kurz vor der Vermittlung mit 10 bzw. 12 Wochen lässt er einen Gesundheitscheck vom Tierarzt inklusive der ersten Impfung machen. Außerdem kommt bei seriösen Rassezuchtverbänden

ein Zuchtwart und kontrolliert den Wurf vor der Abgabe an die neuen Besitzer. Streicheln Sie die Hunde, das Fell sollte weich und seidig und nicht stumpf, verklebt und dreckig sein. Beobachten Sie die Hunde: Ist die Mutterhündin vor Ort und verhält sich ebenfalls freundlich und vertraut mit den Menschen? Sind die Welpen neugierig und verspielt? Oder versammeln Sie sich ängstlich in einer Ecke und starren zu Ihnen hinüber? Das wäre ein Hinweis auf mangelhafte Prägung und damit wahrscheinlich einen dubiosen Händler, der versucht, über einen Zwischenhändler seine Welpen „an den Mann" zu bringen.

DIE MACHENSCHAFTEN DER WELPEN-MAFIA

Kriminelle Vermehrer gehen sehr geschickt beim Vermarkten ihrer „Ware" vor: Die Welpen haben ihre ersten Lebenswochen in dunklen Verschlägen bei Hündinnen verbracht, die einen Wurf nach dem nächsten produzieren müssen und selten oder nie Tageslicht sehen. Auf Kleinanzeigen-Portalen werden diese Hunde dann niedlich auf rosa-, hellblauen Deckchen oder einem Schoß sitzend präsentiert. Via Klick kann man die Hunde bestellen. Sie werden viel zu früh von ihren Müttern getrennt, in Transportern über lange Wege aus dem Ausland nach Deutschland gebracht und für die Strapazen der Reise vorher „fit gespritzt". Entweder direkt aus dem Transporter oder bei einem Zwischenhändler, der sich als Züchter präsentiert, kann man als ahnungsloser Hundeneuling seinen Welpen bezahlen und sofort mitnehmen. Mehr Informationen unter: www.wuehltischwelpen.de

DRAUFGÄNGER ODER DICHTER?

Jeder Welpe hat seine eigene Persönlichkeit, die zu Ihnen und
Ihrer Familie passen sollte.

Die Qual der Wahl – wer ist der Richtige?

Jetzt kommt eine besonders schwierige Aufgabe auf Sie zu: Sie müssen aus dem Haufen süßer Welpen den richtigen, „Ihren" Hund aussuchen. Die beste Entscheidung gelingt uns, wenn wir die wilde Horde einmal genauer beobachten.

ENTWICKLUNG DER PERSÖNLICHKEIT

Oft entscheiden wir uns für einen Hund, weil er eine lustige Fellzeichnung hat oder beim ersten Besuch sofort auf uns losgestürmt ist. Das sind verständliche Auswahlkriterien. Aber wir sollten auf viel mehr achten, denn schon zu Welpenzeiten lassen sich zwei grobe Persönlichkeitstypen unterscheiden: Da gibt es die „A-Typen", die wagemutige Fraktion, die sich mit Alarm in jedes neue Abenteuer stürzt, und die „B-Typen", die erst mal abwarten, die Situation beobachten und dann entscheiden, was sie tun oder lassen. Diese Grundcharaktere kommen Ihnen bekannt vor? Kein Wunder, man findet sie bei allen Lebewesen, die in sozialen Gruppen leben – inklusive uns Menschen. Dabei gilt bei Mensch-Hund-Beziehungen, was Paartherapeuten für uns Menschen immer wieder bestätigen konnten. Am innigsten und stabilsten sind Verbindungen, bei denen sich die Charaktere und ihre Erwartungen ans gemeinsame Leben gleichen. Diese „soziale Passung" sollten wir also auch bei der Auswahl des Welpen im Blick behalten. Wenn Sie selbst ein eher ruhiger Zeitgenosse sind, sollten Sie sich besser nicht den größten Rabauken des Wurfes wählen. Und einem abenteuerlustigen Menschen, der den Hund mit auf eine Weltumsegelung nehmen möchte, würde ich eher eine unerschrockene Hundeseele empfehlen. Doch am Ende ist es der Mensch, der bestimmt, wie sich ein Hund entwickelt. Neue Studien zu Welpentests zeigen, dass diese keine wirkliche Aussagekraft über das künftige Wesen des Hundes zulassen. Entscheidend für die weitere Persönlichkeitsentwicklung eines jungen Hundes sind die Menschen und Umweltbedingungen, unter denen er aufwächst.

RAT DES ZÜCHTERS

Neben Ihren eigenen Beobachtungen und Eindrücken sollten Sie unbedingt auf den Züchter hören. Ein guter Züchter verbringt viel Zeit bei „seinen Hundekindern" und kann meist schöne Geschichten zu den einzelnen Persönlichkeiten erzählen. Hören Sie gut zu, was er über Ihre Nummer eins, zwei und drei zu erzählen hat. Er wird sich gern Zeit für Sie nehmen, denn es ist auch in seinem Interesse, dass er für „jeden Topf den passenden Deckel" findet.

Tierheimhunde —
warten auf ein Happy End

Im Tierheim oder in Pflegestellen warten viele prächtige Hundekumpel auf ein tolles, neues Zuhause. Bei manchen Tieren ist Erfahrung im Umgang mit Hunden wichtig, aber andere Kandidaten können für Anfänger sogar besser geeignet sein als anstrengende Welpen, die noch alles lernen müssen.

VERTRAUEN SCHAFFT BINDUNG

Verhaltensforscher aus Budapest wollten herausfinden, wie schnell sich ein Tierheimhund an einen Menschen neu binden kann. Dazu besuchte ein Mitarbeiter die Hunde für jeweils 10 Minuten und spielte intensiv mit ihnen. Das Ergebnis: Nach drei Besuchseinheiten entwickelte sich bereits eine Bindung. Wie die Forscher das messen konnten? Nach

Lernen Sie die Hunde im Tierheim kennen!

dem dritten Besuch entfernten sie die „vertraute" Person aus dem Raum und ließen einen „Fremden" hinein. Alle Tierheimwaisen interessierten sich überhaupt nicht für die Spielangebote des neuen Menschen, sondern kratzten an der Tür, hinter der ihr „neuer Freund" verschwunden war. Hunde aus dem Tierheim können also vielen Vorurteilen zum Trotz enge Freundschaften zu neuen Menschen schließen.

DER ERSTE GEMEINSAME WEG

Haben Sie sich für einen Hund entschieden, lohnt sich mit dem Glückspilz ein langer Spaziergang über das Tierheimgelände. Bitte beachten Sie dabei:
— Der Hund wird wahrscheinlich enorm aufgeregt über den unerwarteten Freigang sein. Verzeihen Sie ihm deshalb jedes Leinengezerre und Desinteresse an Ihrer Person. Keine Angst – nach einiger Zeit wird er langsam den Menschen am anderen Ende der Leine wahrnehmen und Sie können ihn gezielt ansprechen.
— Bitte testen Sie nicht sofort den Erziehungsstand Ihres Wunschkandidaten. Der Hund kennt Sie noch nicht und wird es wahrscheinlich merkwürdig finden, wenn er Ihnen sofort gehorchen soll. Außerdem ist er viel zu abgelenkt, um auf irgendwelche Erziehungsmaßnahmen richtig reagieren zu können. Besser: Fragen Sie die Pflegestelle oder den Tierpfleger nach dem Ausbildungsstand des Tieres.

Tierschutzhunde können eine genauso enge Bindung zu ihrem Menschen aufbauen wie Hunde vom Züchter.

DIE FAMILIE MUSS WARTEN

Für Eltern lohnt es sich, mehrere Besuche im Tierheim oder bei der Pflegestelle einzuplanen: den ersten aber immer ohne Kinder. Der Grund: Meist springt der Funke sofort über und die Kinder wollen den neuen Kumpel gleich mit nach Hause nehmen. Sparen Sie sich den Besuch mit Kindern also lieber auf, bis Sie genug Zeit hatten, den richtigen Hund zu finden, ihn in Ruhe kennenzulernen, und Sie sich mit Ihrer Wahl ganz sicher sind. Bei dem Besuch mit Anhang können Sie sich dann ganz darauf konzentrieren, wie der Hund auf den Rest seines neuen Rudels reagiert.

FUND- UND ABGABEHUNDE

Fundhunde Sie wurden von Privatmenschen oder der Polizei irgendwo gefunden. Ihr großer Nachteil: Sie haben keine Geschichte, keinen Namen, niemand kennt ihre Stärken und Schwächen und deshalb sind sie nicht so leicht vermittelbar.

Abgabehunde Ihre alten Besitzer haben meist bei der Abgabe wichtige Eigenschaften wie Kinderfreundlichkeit, Ausbildungsstand und etwaige Macken angegeben. Das erleichtert es dem Tierheim ungemein, das passende neue Zuhause für den Hund zu finden.

1

WAHL DER RICHTIGEN TIERSCHUTZORGANISATION

Auf dem Markt tummelt sich mittlerweile eine Vielzahl von Organisationen, die Hunde „aus dem Ausland retten". Leider gibt es auch „Vereine", die mit der Tierliebe Geld verdienen und niedliche Welpen „produzieren", um sie im Ausland für viel Geld als „gerettete" Hunde zu verkaufen. Die hier aufgeführten Kriterien sprechen für eine seriöse Tierschutzarbeit.

Transparenz

Die Tierschutzorganisationen leben nicht von der Vermittlungsgebühr, sondern von Spendengeldern. Die Einnahmen und Ausgaben sind auf Anfrage zugänglich und es wird deutlich, dass die Tierschützer vor Ort in Aufklärungsarbeit der Bevölkerung investieren. Auf diese Weise erreichen sie, dass freilaufende Besitzerhunde kastriert werden dürfen, oder können Kastrationsaktionen mit ehrenamtlich arbeitenden Tierärzten durchführen. Die Hunde werden nach der Kastration wieder in ihrem Gebiet freige-

lassen und sie können ihr vertrautes Leben weiterleben. Hier kann sinnvoll Geld gespendet werden.

Berücksichtigung des Wesens

Nur Hunde, die vom Wesen für die Vermittlung ins Ausland geeignet sind, werden auf der Website der Organisation individuell mit ausführlichen Beschreibungen ihrer Lebensgeschichte (falls bekannt), ihren Stärken und Schwächen vorgestellt.

„Vor Ort lassen"

Nicht jeder Hund, der auf der Straße lebt, muss von Tierschützern „gerettet" werden. Viele Hunde haben Besitzer, dürfen nur tagsüber frei mit ihren Kumpels umherlaufen, während die Menschen arbeiten müssen. Diese „Besitzerhunde" sollten in ihrem vertrauten Umfeld bleiben dürfen, ebenso wie Hunde, die niemals an das Zusammenleben mit Menschen gewöhnt wurden und auf der Straße groß geworden sind. Ausnahme: Manchmal werden diese Hunde leider von Tierfängern eingefangen und an staatliche

2

1. Das Leben auf der Straße kann, muss aber nicht immer hart sein.

2. Viele scheinbare „Streuner" gehören Menschen, zu denen sie eine liebevolle Beziehung haben.

Tierheime übergeben, in denen sie dann nach dem Ablauf einer Frist getötet werden, wenn keiner kommt, um sie abzuholen. Hier greifen Tierschutzorganisationen oft ein und kaufen die Tiere frei. Meldet sich kein Besitzer, werden sie bei Eignung ins Ausland vermittelt oder finden – wenn sie dafür nicht geeignet sind – in einem gut geführten Langzeittierheim oder Open Shelter einer Tierschutzorganisation Sicherheit (Beispiel: www.seelen-fuer-seelchen.de/open-shelter).

Überprüfung des neuen Zuhauses

Die Hunde werden nicht sofort an Interessenten via Mausklick vermittelt, sondern das neue Zuhause wird erst einmal nach einem Kriterienkatalog von Mitgliedern ehrenamtlich überprüft und der Hund zunächst auf einer Pflegestelle untergebracht. Hier können sich die Hunde an die neuen klimatischen Bedingungen und das radikal neue Leben gewöhnen und von den Interessenten besucht werden. Beim Gewöhnen an das neue Leben helfen souveräne Hunde, an denen sich die Neulinge orientieren und dadurch am meisten lernen können. Die meisten freilebenden oder Besitzerhunde kannten kein Geschirr und erst recht nicht das Laufen an einer Leine und damit auch keinen Grundgehorsam. Die Pflegestellen haben meistens ein gutes Wissen im Umgang mit diesen Kandidaten und bereiten sie auf das Leben in ihren neuen Familien langsam und behutsam vor.

Formalitäten

Alle Hunde haben einen Impfausweis und man kann in den Unterlagen genau nachvollziehen, woher der Hund kommt, wann und an wen er vermittelt wurde. Es gibt einen Vermittlungsvertrag, der festlegt, dass der Hund zurückgenommen wird, falls sich die Lebensbedingungen der Besitzer ändern sollten oder das Zusammenleben nicht funktioniert. Es gibt auch nach der Vermittlung die Möglichkeit, mit der Organisation in Kontakt zu treten, Hilfe bei Alltagsproblemen zu bekommen und sich mit Gleichgesinnten zu treffen.

10 TIPPS FÜR DIE ERSTE ZEIT

Besonders Hunde aus dem Tierheim sind meist sehr aufgeregt beim Einzug in ein neues, richtiges Zuhause. Nutzen Sie die Gunst der Stunde und präsentieren Sie sich als zuverlässiger Freund, der dem Hund Sicherheit und Orientierung durch sein neues Leben bietet.

1 NEHMEN SIE URLAUB

Nur so können Sie sich auf den Neuankömmling konzentrieren und sich gut kennenlernen. Versuchen Sie, sich dabei so zu verhalten, als sei seine Anwesenheit ganz normal. Der Grund: Wenn Sie den Hund ständig unsicher fixieren, um zu sehen, wie es ihm wohl gerade geht, könnten Sie damit seine Unsicherheit vergrößern.

2 NICHT NUR DER HUND IST EIN FREMDER

Sie und Ihre Angehörigen sind auch eine vollkommen fremde Gruppe Menschen für den Hund. Er wird in den ersten Tagen sehr unsicher sein, weil er alle Ihre Gewohnheiten, Alltagsgeräusche und -gerüche noch nicht kennt, und sich je nach Persönlichkeit und Vorerfahrung entweder sehr unterwürfig oder übertrieben fröhlich verhalten. Vermeiden Sie in beiden Fällen zu viel Aufregung.

3 GESTALTEN SIE DIE ERSTEN TAGE RUHIG

Ihr Hund muss Ihren Alltag erst einmal kennenlernen und sich orientieren. Feiern Sie also bitte keine Willkommensparty mit allen Freunden, Nachbarn und Verwandten. Gönnen Sie ihm lieber viel Zeit und Ruhe, um die Wohnung, Umgebung, Hausregeln und den Tagesablauf in dieser „Menschen-Gruppe" genau kennenzulernen. Rituale schaffen Vertrautheit und reduzieren den Gehalt an Stresshormonen im Blut weil der Hund dann schneller weiß, was als nächstes passieren könnte. Ein regelmäßiger Tagesablauf kann deshalb dabei helfen, dass der Hund schneller zur Ruhe und in seinem neuen Leben ankommt.

4 FASSEN SIE IHN NICHT MIT SAMTHANDSCHUHEN AN

Hüten Sie sich vor zu viel Rücksichtnahme, „weil der arme Kerl ja schon so viel durchgemacht hat". Ihr Heimkind braucht jetzt eine liebevolle, aber deutliche Anleitung, damit er sich in seinem neuen Leben schnell zurechtfinden kann. Und die geben Sie ihm am besten, indem Sie von Anfang an freundlich klarstellen, was in Ihrem Haus erlaubt und was unerwünscht ist. bleiben Sie dabei immer ruhig und gelassen, beobachten Sie genau, wie der Hund auf Ihre Stimme reagiert, und passen Sie sich seinem Wesen dabei an.

5 VERZICHT AUF EIN STRAFFES ERZIEHUNGSPROGRAMM

Mit seinem neuen Leben in Ihrer Gesellschaft hat der Hund genug Lernprogramm zu bewältigen. Am Anfang heißt das hohe Ziel deshalb, ganz ähnlich wie mit Welpen: zu einem Team zusammenwachsen. Und das erreichen Sie am besten, wenn Sie sich gegenseitig viel Zeit und Raum schenken.

Mein Tipp: Bedrängen Sie den Hund nicht mit zu viel Aufmerksamkeit, sondern machen Sie Spaziergänge und setzen Sie sich auf den Boden in seine Nähe, um ein Buch zu lesen oder Fernsehen zu schauen. Spielen Sie häufig mit dem Hund, wenn er das mag.

6 LEINENPFLICHT

Behalten Sie den Hund außerhalb geschlossener Flächen an der Leine. Die Bindung zu Ihnen ist noch nicht tief. Erschreckt sich der Hund, wird er in Panik in irgendeine Richtung davonlaufen – und das wird wahrscheinlich nicht in Ihre sein. Außerdem wissen Sie kaum etwas über den Hund: Vielleicht mag er keine Radfahrer, Katzen, Jogger usw. Die Devise lautet: Vorsicht ist besser als großer Ärger. Um alle Facetten seiner Persönlichkeit kennenzulernen, helfen nur: Zeit und Geduld.

7 BESUCHEN SIE EINE HUNDESCHULE

Unter der Anleitung eines erfahrenen Hunde-
trainers können Sie viel über die Fähigkeiten Ihres
neuen Freundes lernen. Auch seine Sozialver-
träglichkeit lässt sich unter fachlicher Anleitung
leichter testen und verbessern. Manche Tierheime
haben sogar eine eigene Hundeschule und bieten
an, Sie dort in der ersten Zeit mit Heimhund bei
der Erziehung und allen aufkommenden Fragen zu
unterstützen. Nutzen Sie dieses Angebot!

8 VERLASSENSÄNGSTE

Einige Tierheimhunde wollen und können ihre
„Retter" in der ersten Zeit nicht aus den Augen
lassen und folgen ihnen bisweilen sogar bis auf
die Toilette. Zeigen Sie sich bei diesen Kandidaten
geduldig: Ihr Hund wird bald mehr Vertrauen
haben und begreifen, dass Sie nicht plötzlich für
immer verschwinden, sobald Sie nur eine Tür
hinter sich schließen. Beginnen Sie nach der Ein-
gewöhnungszeit von ungefähr einem Monat damit,
das „Alleinbleiben" (siehe S. 124) langsam und
besonders geduldig zu trainieren.

9 WURZELN SCHLAGEN

Andere Kandidaten brauchen ein bisschen länger,
bis sie sich ihren neuen Menschen richtig zuge-
hörig fühlen. Diese Hunde trauern noch ihren alten
Besitzern hinterher, oder sie haben eine enge
Beziehung zu Menschen bislang nicht kennengelernt. Bedrängen Sie diese Hunde nicht mit zu
viel Aufmerksamkeit. Warten Sie ab, bis der Hund
von allein zu Ihnen kommt, und wenden Sie sich
ihm in diesen Momenten freundlich zu. Gemeinsame Erlebnisse verbinden und schaffen Vertrauen:
Suchen Sie nach der Eingewöhnung gezielt schöne
Hunderunden mit kleinen, gemeinsam gemeis-
terten Abenteuern. Haben Sie Geduld: Manche
Freundschaften brauchen etwas länger, um zu
wachsen. Aber das sind nicht selten die besten.

10 FRAGEN SIE DAS TIERHEIM

Rufen Sie im Tierheim oder bei Ihrer Tierschutzorganisation an, falls Sie sich mit „Macken" Ihres
Schützlings überfordert fühlen. Diese Menschen
haben viel Erfahrung im Umgang mit Tierschutz-
hunden und können Ihnen bestimmt weiterhelfen.

Hündin oder Rüde – eine wichtige Frage?

„Hündinnen" – so heißt es oft auf Hundewiesen – „sind sanfter und leichter zu erziehen." Rüden sagt man nach, dass sie gerne Streitigkeiten vom Zaun brechen und Hausregeln regelmäßig überprüfen. Doch stimmen diese Klischees?

Hündinnen werden läufig und Rüden sind theoretisch immer paarungsbereit. Doch das war es schon fast mit den Fakten, denn viele Eigenschaften, die wir gerne dem Geschlecht zuschieben, können von Hund zu Hund und nicht zuletzt Ihren Erziehungsqualitäten vollkommen auf den Kopf gestellt werden.

HÜNDINNEN
Sie kommen ungefähr zwei Mal im Jahr in die „Hitze" und sorgen durch fleißiges Duftmarkensetzen dafür, dass alle Rüden der Umgebung davon erfahren. Ihr Vorgarten wird dann für die nächsten drei Wochen zum Treffpunkt lustgeplagter Freier, ein Spaziergang an frischer Luft kann zum Spießrutenlauf ausarten. Ihre Hündin wird sensibler sein, Konzentrationsschwierigkeiten und Erinnerungslücken haben, manche von ihnen müssen lange darüber nachdenken, was „Komm" oder „Sitz" bedeutet. Haben Sie Geduld und lassen Sie Ihre Hündin in dieser Zeit an der Leine.

Läufigkeitszyklus
Der Zyklus setzt sich nach der Läufigkeit fort bis zum errechneten Zeitpunkt des Werfens. Bei manchen Hundedamen kommt es zu Anzeichen einer Scheinträchtigkeit, die völlig normal ist. Doch keine Angst: Bei vielen Hündinnen wird man kaum eine Veränderung im Verhalten erkennen. Die beschriebenen Zustände können individuell sehr unterschiedlich stark ausgeprägt sein und sich auch im Verlauf des Lebens der Hündin verändern.

RÜDEN

Die meisten unkastrierten Rüden interessieren sich für Hündinnen hauptsächlich als Spielkameradinnen und gehen zickigen Damen ganz gentlemanlike aus dem Weg. Manche werden allerdings regelrecht liebestoll, sobald sie Witterung von einer läufigen Hundedame aufgenommen haben. In diesem Fall blühen Ihnen kurze Nächte: Besonders triebhafte Rüden jaulen ihrer (momentanen) großen Liebe auch in Ihrem Haus hinterher. Sie können regelrecht von Sinnen sein und erinnern sich nur lückenhaft daran, jemals mit uns Menschen kommuniziert oder Nahrung aufgenommen zu haben. Manche Rüden reagieren zudem bei Liebeskummer gereizter auf vermeintliche Konkurrenten. Aber auch hier gilt: Die Mehrheit der Rüden ist bei guter Sozialisierung friedlich und freundlich und behält auch in Gegenwart einer läufigen Hündin einen halbwegs klaren Kopf. Besonders mit dem Älterwerden gewöhnt sich ein Rüde an die Gegenwart „heißer Damen" und gerät nur noch in Wallung, wenn es sich wirklich lohnt: nämlich genau dann, wenn die Hündin deckbereit ist ...

Streithähne

Das Gerücht einer größeren Aggressivität unter Rüden kann nicht pauschal bestätigt werden. Sie äußert sich eben anders, genau wie bei Männern. Rüden machen viel Gehabe mit (meistens) nichts dahinter. Hündinnen gehen vielleicht seltener in die Konfrontation, dafür kann es bei ihnen wenn, dann eher ernst zur Sache gehen. Doch auch hier entscheidet wieder eine gelungene Erziehung und Sozialisierung darüber, wie stark sich Persönlichkeitseigenschaften ausprägen können. Lernt ein Hund von Anfang an, sich sozial geschmeidig zu verhalten, wird er auch mit Stresssituationen in „hitzigen Zeiten" oder mit der Pflege von Feindschaften gelassener umgehen können.

Die individuelle Persönlichkeit, Sozialisation, Erziehung und auch das Geschlecht bestimmen das Verhalten.

Kind und Hund – dicke Freunde fürs Leben

Hund und Kind, das kann ein tolles Team sein – wenn beide Seiten gelernt haben, wie man richtig miteinander umgeht. Denn nur mit einer respektvollen Einstellung zum Hund kann Ihr Nachwuchs von ihm viel Wichtiges fürs Leben lernen und der Hund im Kind einen fantastischen Freund finden.

Immer noch werden manche Hunderassen von Züchtern als „kinderlieb" angepriesen. Eine gefährliche Werbung, denn Kinderliebe ist nicht angeboren. Sie ist immer das Ergebnis einer verantwortungsvollen Zucht und Erziehung durch erwachsene Menschen. Die Plakette „kinderlieb" verleitet dazu, Hunde mit Erwartungen zu überfordern, denen sie ohne unsere Hilfe nicht gerecht werden. Aber auch Kinder brauchen im Umgang mit Hund Unterstützung. Die gute Nachricht: Nehmen wir als Eltern unsere Verantwortung, den Hund und das Kind ernst, kann die Freundschaft zum Hund die Kindesentwicklung positiv beeinflussen.

POSITIVER EINFLUSS

Hunde halten fit
Kinder haben heute viele Möglichkeiten, sich nicht zu bewegen: Playstation, Fernsehen, Smartphone – die Zunahme an fantasiearmen, übergewichtigen Kindern ist erschreckend. Lebt ein Hund im Haus, kann er dieser Entwicklung entgegensteuern. Mit ihm müssen Kinder raus an die frische Luft gehen. Sie kommen in Kontakt mit anderen, „echten", Menschen, stärken durch die Freundschaft zum Tier ihr Selbst- und Fremdbewusstsein und können beim fröhlichen Spiel mit ihrem haarigen Freund ganz gehörig ins Schwitzen kommen.

Hunde machen krisensicher
Traurige Statistik: Die Scheidungsrate nimmt zu, immer mehr Kinder müssen mit einer Trennung ihrer Eltern leben. Lebt ein Hund im Haus, kann dies viel Kinderleid abpuffern. Laut einer Untersuchung des Psychologischen Institutes der Universität Bonn überstehen diese Trennungskinder die Krise in ihrem Leben besser. Sie zeigen sich stabiler, haben weniger Verlustängste und erleben mehr Alltagsfreude.

Hunde machen glücklich
Der „Forschungskreis Heimtiere in der Gesellschaft" hat eine Studie in Auftrag gegeben, die untersuchen sollte, ob Haustiere tatsächlich zu einem positiven Lebensgefühl von Kindern beitragen. Dazu wurden Mütter befragt, was sich nach dem Einzug des Hundes im Verhalten der Kinder geändert hat. Die Aussagen waren eindeutig: Kinder werden fröhlicher, spielen öfter draußen, ältere Kinder bleiben ohne Angst allein zu Hause und sind allgemein selbstsicherer.

> Wer gelernt hat, sich in die Sprache eines Tieres einzufühlen, zeigt auch mehr soziale Kompetenz im Umgang mit Menschen.

Vertraute, liebevolle Nähe – das ist möglich, wenn wir bestimmte Regeln beachten.

Hunde machen beliebt

Bei soziometrischen Tests waren Kinder mit Hund im Haus allgemein beliebte Klassenkameraden und hatten zusätzlich häufig das Amt des Schüler- oder Klassensprechers inne. Die Erklärung der Psychologen: Bei diesen Schülern war die Fähigkeit zur „nonverbalen Kommunikation" besonders gut ausgeprägt. Und wer nicht nur hört, was andere sagen, sondern gleichzeitig auf das Verhalten achtet und richtig darauf eingehen kann, wird als sehr sozial wahrgenommen.

Freund, Tröster, aber auch Konkurrent: Hunde können bereichern und fit fürs Leben machen.

Hunde machen gesund

Laut einer Studie des Deutschen Institutes für Wirtschafts-forschung aus dem Jahr 2004 haben Kinder, die mit Hund aufwachsen, seltener Allergien. Die Immunabwehr war besonders dann gestärkt, wenn Kinder schon als Babys Kontakt zu Hunden hatten, was durch eine weitere Studie aus dem Jahr 2007 bestätigt wird (Bufford & Gern, 2007). Zwei wichtige Gründe werden vermutet: Die Kids kommen mit mehr Keimen in Kontakt und sind ausgeglichener, weil sie sich viel bewegen und vom Hund verstanden fühlen – was wiederum einen positiven Effekt auf das Immun-system hat.

Jugendliche sind weniger aggressiv

In der Pubertät verändert sich für Kinder die Welt, nur einer bleibt gleich: „Bruder Hund". Deshalb kann besonders er in dieser schwierigen Lebensphase wichtige Aufgaben übernehmen. Er ist immer neutral, hält seine Zuneigung trotz Pickel und Stimmungsschwankungen unverändert bei und sorgt dadurch für Konstanz in einer Zeit, in der sich alles andere – die Beziehung zu Eltern, Freunden und Körper – verändert. Durch seine innige Verbindung zu allen Familienmitgliedern kann er außerdem ein Zusammen-gehörigkeitsgefühl fördern, das in dieser Zeit sonst oft leidet, und als Brücke in Konflikten fungieren, um wieder ins Gespräch zu kommen.

Hunde weiten den Horizont

Hunde halten uns nicht nur einen Spiegel vor und sorgen dafür, dass wir uns selbst besser kennenlernen – über sie kommen wir auch täglich in Kontakt mit ganz unterschied-lichen Menschen. Dabei kann man eine Menge lernen, z. B. über den eigenen Tellerrand zu schauen. Das ist auch für Kinder äußerst spannend und lehrreich.

REGELN FÜR EINEN ENTSPANNTEN UMGANG

Damit Hunde all diese positiven Wirkungen für alle Familienmitglieder entfalten können, muss genug Zeit vorhanden sein und ein paar wichtige Dinge vorab geklärt werden.

Familien mit Kleinkindern

Überlegen Sie gut, ob ein Hund in Ihren ohnehin schon sehr stressigen Alltag passt. Bedenken Sie: Ein Welpe ist wie ein kleines Baby. Wenn aus ihm der großartige Familienhund werden soll, von dem Sie träumen, erwartet Sie enorm viel Zeit- und Energieeinsatz, um Hund und Krabbelkind gerecht werden zu können. Eltern mit kleinen Kindern und wenig Hundeerfahrung sollten deshalb auf bessere Zeiten warten oder ganz genau abwägen, ob sie dieser zusätzlichen Belastung wirklich gewachsen sind. Viele Hunde landen im Tierheim, weil Eltern den Aufwand unterschätzt haben.

Familien mit Kindergarten-Kindern

Wenn Kinder größer sind, werden sie verständiger und brauchen weniger Betreuung durch die Eltern. Diese freigewordene Zeit können wir dann dem Welpen widmen. Aber rechnen Sie in diesem Alter auch mit Eifersucht: Das süße Hündchen wird für eine längere Zeit alle Aufmerksamkeit in Anspruch nehmen, alles, was er macht, ist irgendwie putzig, und sowieso dreht sich ab jetzt alles um ihn – das finden die wenigsten kleinen Kinder auf Dauer toll. Auch hier würde ich gerade Hundeneulingen eher zum Warten raten.

Familien mit Schulkindern

Jetzt ist die perfekte Zeit für den Familienhund! Denn besonders bei Kindern ab ungefähr fünf bis sechs Jahren können Hunde ihr großes pädagogisches Potenzial entfalten. Mit dem Hund kann man aber nicht nur spielen, sondern auch gehörig wütend werden, wenn er z. B. gerade den neuen Fußball mit seinen Zähnen bearbeitet. Mit Frust und Liebe im Wechselspiel umgehen zu können, kann man hier fantastisch fürs Leben üben. Sobald Kind und Welpe gewachsen und vernünftiger geworden sind, ändert sich die Beziehung: Vom Konkurrenten und Spielkameraden wandelt sich der Hund zum vertrauten Freund und überparteilichen Tröster – in allen schwierigen Lebenslagen, die das Leben für unsere Kinder so bereithält.

Familien mit Jugendlichen

Pubertierende profitieren besonders von einem mitgewachsenen Freund auf vier Pfoten: Er kritisiert nicht, bleibt in seiner Zuneigung konstant, von ihm fühlen sie sich verstanden, er ist einfach immer da. Außerdem übernimmt er eine wichtige Brückenfunktion und schafft es, die Familie immer wieder miteinander zum Lachen zu bringen!

Zusammen die Welt entdecken und groß werden – ein Hund kann nicht nur Freundschaft und Rückhalt in schwierigen Phasen schenken, sondern auch wichtige Fähigkeiten fürs Leben schulen.

Hunde bringen die gesamte Familie in Bewegung – körperlich und emotional.

Familienkonferenz

Veranstalten Sie vor dem Einzug des Welpen eine Familienkonferenz, die dann regelmäßig fortgesetzt wird. Sprechen
Sie darüber, wie der kleine Hund den Alltag durcheinander-
wirbelt, was in der Erziehung noch nicht optimal läuft
und wie man es besser machen könnte. Nehmen Sie Sorgen
ernst: Vielleicht zeigt ein Kind Überforderung in bestimmten Situationen mit dem kleinen, wilden Hund? Überlegen
Sie gemeinsam, wie man diese Probleme löst, und erklären
Sie, warum sich Hunde in bestimmten Momenten so oder
so verhalten. Dadurch fühlen sich Kinder ernst genommen
und es wird deutlich: Der Hund ist ein Gemeinschafts-
projekt und die Mitarbeit von allen ist hier wichtig. Schöner
Nebeneffekt: Der Familienzusammenhalt kann ganz neue
Energien bekommen.

Hunde gemeinsam beobachten

Mit Kindern kann man wunderbar Verhaltenskunde betreiben. Auf gemeinsamen Spaziergängen kann man den
Hund in Interaktion mit seinen Hundefreunden beobachten. Beschreiben Sie dem Kind das Hundeverhalten.

Es lernt dabei viel über Hunde- und auch unser eigenes
Verhalten. Denn wir lachen besonders deshalb gern über
Hunde, weil sie uns immer auch ein bisschen den Spiegel
vorhalten und uns an uns selbst erinnern – unsere Ver-
fehlungen, Missgeschicke und Sehnsüchte. Nutzen Sie
dieses Beobachtungstraining für sich und Ihr Kind. Denn
durch diese Beobachtungen mit Wiedererkennungswert
können Kinder ihr Einfühlungsvermögen für alle sozialen
Situationen im Leben fantastisch schulen und erkennen,
wie ähnlich wir unseren Freunden auf vier Pfoten in vielen
Dingen sind und was uns andere mit Kommunikation
durch Körpersprache und Stimmlage so alles oft unbewusst
über ihre innere Verfassung mitteilen.

Kind-Hund-Kurse

Viele Hundeschulen bieten extra Kurse nur für Kinder
(ab ca. acht Jahre) und ihre Hunde an. Hier lernen beide,
respektvoll und stressfrei miteinander umzugehen. Es wird
gezeigt, wie man richtig mit Hunden spielt und ihnen
kleine Kunststückchen beibringt (siehe auch S. 157). Informieren Sie sich bei Hundevereinen/Hundeschulen.

ELTERNREGELN

1 „BABYSITTERDOGS" GIBT ES NICHT

Hunde können zwar großartige Kumpels sein, aber niemals kostengünstige Kleinkindbetreuer. Wir dürfen sie mit Kindern niemals allein lassen. Nur so können wir verhindern, dass ihm Erbsen in die Nase gesteckt und Tacker in die Ohren gejagt werden. Nebenbei lernt er, dass er sich auf uns verlassen kann: Er darf zwar Kinder nicht auf Hundeart erziehen (siehe S. 47), aber das ist kein Problem, denn wir sind ja immer präsent und regeln das für ihn.

2 ELTERN TRAGEN VERANTWORTUNG

Für ein harmonisches Zusammenleben sind Erwachsene zuständig. Sie müssen alle Konflikte regeln. Deshalb greifen Sie sofort ein, wenn der Hund die Schminkpuppe Ihrer Tochter stolz durch die Gegend trägt, vertreiben Kinder aus dem Hundekorb und verbieten dem Welpen, in fliehende Hosenbeine zu beißen.

3 ELTERN ERZIEHEN!

Kleine Kinder und Hunde dürfen sich nicht gegenseitig zurechtweisen. Deshalb bringen wir Kindern vom ersten Tag an bei, dass sie zwar nach Hilfe rufen sollen, wenn der Welpe an Omas Perserteppich knabbert (siehe S. 46), aber ihn nicht daran hindern. Andersherum verbieten wir jeden Ansatz unseres Hundes, das Kind mit Schnappen zu maßregeln, sofort und deutlich (siehe S. 47).

4 ELTERN ERKLÄREN DEN KINDERN DAS HUNDEVERHALTEN

Zum Beispiel, dass angelegte Ohren und Knurren deutliche Zeichen sind, den Hund jetzt in Ruhe zu lassen. Aber auch Kopfabwenden oder stoische Ruhe bei wilden Kinderattacken sind deutliche Zeichen, dass der Familienhund seine Ruhe haben möchte. Das müssen Kinder wissen und akzeptieren lernen.

KINDERREGELN

1 SPIELEN ERLAUBT

Dabei müssen diese Spielregeln beachtet werden: Es muss immer ein Erwachsener anwesend sein, um notfalls eingreifen zu können. Das Spiel darf nicht zu wild werden. Zerrspiele sind toll, aber wir müssen beobachten, wie stark sich Hunde dort „hineinsteigern". Bahnt sich hier Kontrollverlust an, müssen Eltern eingreifen und das richtige Maß an Spaß und Wildheit vermitteln.

2 WEGRENNEN

Schärfen Sie Ihren Kindern ein, niemals im Spiel vor dem Hund wegzurennen. Das führt nur zu schmerzhaften, frustrierenden Erlebnissen für das Kind und artet beim Hund schnell in ein Jagdspiel aus (Umrempeln/Anspringen/Schnappen). Am besten geeignet sind für Kinder Spiele, in denen sie den Welpen jagen, z. B. wenn er eine „Beute" (Ball, Seil) ergattert hat. Ausgelassen zusammen toben macht Spaß und stärkt den Teamgeist.

3 ERZIEHEN VERBOTEN

Richtig Grenzen ziehen ist eine schwierige Angelegenheit und muss mit Bedacht, viel Wissen und Einfühlungsvermögen ausgeführt werden (siehe S. 65). Damit sind Kinder überfordert. Die Eltern können Kindern ab ungefähr sechs Jahren zeigen, wie man spielerisch mit dem Hund trainiert – aber immer unter Aufsicht.

4 DIE HUNDEPOLIZEI

Kinder sollen zwar nicht eingreifen, dürfen aber petzen, falls der Hund Hausregeln bricht. Die meisten Kinder finden das toll, fühlen sich wichtig und Sie können schnell reagieren, wenn der Welpe das Blumenbeet umdekoriert.

5 HEILIGER HUNDEPLATZ

Zieht sich der Hund auf seinen Platz zurück, wird er in Ruhe gelassen. Das heißt: kein Schmusen, kein Spielen auf diesem Platz. Hundeplatz heißt dieser Ort, weil der Hund hier Hausrecht hat und Ihr Kind nicht.

6 FRESS-RITUAL

Beim Fressen wird der Hund nicht gestreichelt oder angesprochen – füttern Sie den Hund deshalb nur, wenn Sie im Raum sind. Allerdings darf das Kind das Fressen hinstellen – und unter Ihrer Aufsicht den Hund dann zum Futter schicken (siehe S. 54). So fühlt sich das Kind wichtig und der Hund lernt, dass alle Familienmitglieder sein Futter berühren dürfen.

Wichtig ist, dass der Hund kein Essen vom Tisch bekommt! Sonst haben die Kinder schnell einen Bettler erzogen, der sabbernd am Esstisch steht.

7 BESUCHERKINDER

Wenn Nachbarskinder mit unseren eigenen Kindern toben, fühlt sich der Hund oft dazu bestimmt, die eigenen Rudelmitglieder zu unterstützen – indem er z. B. die fremden Kinder „zwickt". Lassen Sie das nicht zu, sondern verbieten Sie es dem Welpen von Anfang an konsequent (siehe S. 73). Verhindern Sie, dass der Hund mit einem Haufen Kinder unbeaufsichtigt bleibt. In der Gruppe kommen Kinder oft auf die wildesten Ideen, auf die Hunde überfordert reagieren können.

HUNDEREGELN

1 SCHNAPPEN VERBOTEN

Hunde dürfen nicht nach Kindern schnappen. Sollte der Hund einmal in Richtung Kind in die Luft schnappen, reagieren Sie augenblicklich. Erteilen Sie einen klaren Platzverweis. Aber vergessen Sie anschließend nicht, Ihrem Kind zu erklären, warum der Hund das getan hat. Vielleicht wollte es ihm einen Knochen oder ein Spielzeug wegnehmen? Das darf es nicht! Beschreiben Sie ruhig, dass dabei Verletzungsgefahr droht, weil Hunde in solchen Situationen untereinander über Knurren bis hin zu Drohschnappen kommunizieren.

Kurz: Maßregeln Sie erst sofort im entscheidenden Moment den Hund – und dann das Kind. Lernt der Hund von Welpe an, dass Sie die Erziehung des Kindes voll und ganz – und gerecht – im Griff haben, wird er sich in Zukunft ausgeglichener mit dem Menschennachwuchs benehmen und das Erziehen Ihnen überlassen. Er hat ja erfahren, dass Sie aufpassen und das Kind zurechtweisen, falls es sich ungeschickt oder absichtlich unfair verhalten hat.

Versuchen Sie, Unfällen oder schlechten Erlebnissen unbedingt vorzubeugen, indem Sie Kind und Hund niemals unbeaufsichtigt lassen.

2 KINDERZIMMER IST TABU

Damit auch Ihr Kind einen Rückzugsort hat und sein Spielzeug ungestört herumliegen lassen kann, können Sie Ihrem Hund von Anfang an beibringen: „Zutritt verboten". Das macht besonders bei Kleinkindern Sinn. Schulkinder und Jugendliche haben natürlich gern ihren Hund an ihrer Seite.

3 KEIN KLAUEN VON BRÖTCHEN

Der Hund muss lernen, dass er einem Kind keine Lebensmittel aus der Hand klauen darf, bzw. erst gar nicht mit seiner Schnauze in die Nähe der Hand kommt. Sorgen Sie dafür, dass Lebensmittel in Kinderhänden und auch sonst tabu sind. Nur was Sie ihm geben, darf gefressen werden.

DER BESTE START

VIEL ZEIT FÜREINANDER

Wenn wir uns auf das neue Familienmitglied gut vorbereiten und
uns viel Zeit nehmen, verläuft der Beginn viel stressfreier.

Der große Tag naht — Vorbereitung auf den Einzug

Sie haben den Züchter oder die Tierschutzorganisation Ihres Vertrauens gefunden und aus dem Haufen süßer Hunde den richtigen ausgesucht? Dann heißt es jetzt, die Ankunft des neuen Familienmitgliedes gut vorzubereiten.

URLAUB NEHMEN

Soll Ihr kluger, kleiner Hund alles schnell lernen, müssen Sie vor Ort sein, denn der süße Fratz wird viel Unsinn anstellen. Damit er schnell lernen kann, was in Ihrer Welt erlaubt und verboten ist, sollten Sie immer sofort mit großer Freude oder blankem Entsetzen auf seine Aktionen im Alltag reagieren können. Und das geht naturgemäß nur, wenn Sie vor Ort sind. Planen Sie deshalb mindestens zwei, besser vier Wochen Urlaub für diese erste aufregende Zeit mit Hundekind ein, auch danach muss in den ersten Monaten immer jemand präsent sein und sich kümmern. Die ersten gemeinsamen Stunden und Tage sind nicht nur für den Welpen, sondern auch für Sie sehr aufregend und kräftezehrend. Hier hilft eine gute Vorbereitung und viel Zeit.

Und da Welpen in den ersten Tagen das Haus und der Garten als neuer Eindruck ausreicht, sollten Sie fast alles, was Sie in dieser Zeit benötigen, bereits im Haus haben (siehe S. 52).

ERZIEHUNGSPLAN

Überlegen Sie sich vorher, ob Sie Haare auf der Couch oder im Bett ertragen können, und legen Sie die Hausregeln vor seinem Einzug fest. Ganz wichtig: Stellen Sie sich jede denkbare Katastrophe in fantasievollen Bildern vor. Ich versichere Ihnen, wenn Sie Ihren süßen Hund dann tatsächlich dabei erwischen, wie er an antiken Stuhlbeinen oder Ihren schicken, neuen Pumps kaut, werden Sie gelassener richtig reagieren können. Für Familien auch sehr zu empfehlen: Berufen Sie vor dem Welpeneinzug eine „Familienkonferenz" ein (siehe S. 44).

In der zauberhaften Zeit mit Hundebaby ist dreierlei gefragt: viel Gefühl, eine gute Intuition und Vorbereitung.

AUSSTATTUNG FÜR DEN HUND

Halsband
Kaufen Sie ein Halsband, das sich auf den aktuellen Halsumfang des Welpen einstellen lässt. Achten Sie darauf, dass das Halsband nicht zu eng und nicht zu locker sitzt; optimal ist das „Zwei-Finger-Maß": Zwei Finger nebeneinander sollte der Hund Luft zwischen Fell und Halsband haben.

Leine und Geschirr
Die Schleppleine (zu empfehlen sind Biothane-Leinen) sollte mindestens fünf Meter lang, leicht und unempfindlich sein. Der Grund: Sie soll dem Hund größtmögliche Freiheit geben, um ungezwungen

mit anderen Hunden in Kontakt treten zu können. Diese Leine wird den jungen Wilden auf seinen ersten Erkundungstouren sichern. Für die Schleppleine benötigen Sie noch ein Geschirr, damit kein Zug auf die empfindlichen Nackenwirbel ausgeübt wird. Damit dieses weder zwickt noch schlackert, sollten Sie es aber erst gemeinsam mit dem Welpen kaufen. Für Gassigänge entlang von Straßen können Sie eine kürzere Welpenleine nehmen.

Kauknochen
Welpen durchleben wie Menschenbabys eine „orale Phase", in der sie alle Gegenstände ihrer Umgebung auf Konsistenz und Geschmack überprüfen müssen. Um teure Teppiche und Kinderspielzeug zu schützen, sollten wir dem großen Kaubedürfnis entgegenkommen und immer ausreichend Kaumaterial in der Vorratskammer haben, z. B. Schweineohren, Rinderschultern oder Putenhälse. Zudem sollten Sie noch ausreichend Futter besorgen (siehe S. 55).

Spielzeug
Auch wenn die große, bunte Auswahl verlockend ist, kaufen Sie nicht zu viel. Der Welpe hat sonst Schwierigkeiten, sein Spielzeug von den anderen (verbotenen) Gegenständen im Haus zu unterscheiden. Ein Ball mit Schnur und ein Zerrseil reichen aus. Ganz wichtig: Geben Sie ihm bitte keine alten Schuhe, Socken oder Plüschtiere. Welpen können nicht „alten Schuh" von „neuem Schuh" unterscheiden, wohl aber ziemlich schnell „mein Spielball" von „Schuh vom Mensch". Machen Sie es ihm leicht und trennen Sie Hundespielzeug von unseren Gebrauchsgegenständen. Abzuraten ist von Quietschtieren: Sie können nicht nur nerven, sondern auch die Freude daran fördern, auf etwas zu beißen, das hohe Töne erzeugt – keine gute erste Erfahrung für Hunde.

Nehmen Sie ein Halsband, das man in der Größe verstellen kann.

Hund ist, was er frisst – beim Futter sollte man immer auf Qualität achten.

WAS KOMMT IN DEN NAPF?

Welpen verwandeln sich im ersten Lebensjahr von einem blinden, fiependen Kriechwesen zum agilen, meist ausgewachsenen Hund. Für diese kurze und intensive Wachstumsphase brauchen sie eine ganz besondere Ernährung. Im Zuge der moderenen Rassezucht wurden Hunde in zwei radikale Richtungen gezüchtet: zu Riesen- und Zwergrassen. Das hat Folgen für die Knochenentwicklung und den Nährstoffbedarf während der Wachstumsphase. So wachsen die Giganten der Hundewelt am Anfang sehr schnell, dafür aber bis zu ein Jahr länger als mittelgroße Hunde, die mit 12 Monaten ausgewachsen sind. Kleine Rassen sind dagegen meist schon mit neun Monaten fertig entwickelt und geschlechtsreif. Die Minis brauchen deshalb mehr Energie und ein anderes Kalzium-Phosphor-Verhältnis im Futter als gleichalte Artgenossen größerer Rassen. Speziell abgestimmte Welpennahrung nach Größenkategorien ist deshalb kein Marketinggag, sondern macht durchaus Sinn.

Fragen Sie die Experten

Sprechen Sie mit Ihrem Züchter oder Tierarzt über die Vor- und Nachteile verschiedener Fütterungsmöglichkeiten. Generell gilt: Fertigfutter für Welpen wurde speziell auf die besonderen Bedürfnisse dieser Lebensphase abgestimmt. Wer kein Vertrauen in Fertigkost hat und Futter selber herstellen möchte, sollte sich genau informieren, denn besonders in dieser sensiblen Zeit muss viel beachtet werden. Professionelle Unterstützung bekommen Sie von Tierernährungsberatern. Diese Fachtierärzte für Tierernährung und Diätetik stellen Ihnen individuell abgestimmte Rezepte zum Nachkochen zusammen, in denen alle Nährstoffe in richtigen Anteilen für die individuellen Wachstumsphasen errechnet werden (Adressen siehe S. 179). Mein Tipp: Bleiben Sie in der sensiblen Wachstumsphase beim Fertigfutter und ergänzen dieses durch abwechslungsreiche Beikost wie ungesalzene Nudeln, gegartes Gemüse oder geriebenes Obst.

Auch Hunde lieben verschieden Geschmackserlebnisse und Abwechslung auf dem Speiseplan.

Gewohntes Futter

Geben Sie dem Welpen nach der Ankunft im neuen Zuhause zunächst das Futter weiter, mit dem er beim Züchter groß geworden ist. Der junge Hund hat schon genug Veränderungen zu verkraften. Darauf sollten wir Rücksicht nehmen und ihm in den ersten Wochen gönnen, dass wenigstens sein Futter noch vertraut schmeckt. Dann können Sie anfangen, den Welpen an das Futter Ihrer Wahl zu gewöhnen. Mischen Sie zuerst ein Viertel der neuen unter die alte Sorte. Der Anteil des neuen Futters wird dann über sieben bis zehn Tage hinweg immer weiter gesteigert, während das alte Futter entsprechend weggelassen wird.

Futterzeiten

Im ersten halben Jahr braucht der Welpe sein Futter auf vier bis sechs Einzelrationen am Tag verteilt. Dann können Sie die Mahlzeiten langsam auf zwei bis drei Portionen reduzieren. Wilde Tobespiele sollten Sie nach dem Fressen vermeiden.

Fressrituale

Lassen Sie den Welpen beim Fressen bitte nicht allein. Der arme Kerl hat bislang immer zusammen mit seinen Geschwistern gespeist. Einsame Stille bei der Nahrungs- aufnahme kennt er nicht, und es ist auch wichtig, dass die Gegenwart anderer Lebewesen beim Fressen für ihn normal bleibt. Sobald der Welpe „Sitz" und „Bleib" kennt, darf er erst auf Ihre Erlaubnis zum Napf springen. Später können unter Ihrer Aufsicht auch Kinder diese „Fresserlaubnis" erteilen. Noch eine kleine Übung: Nehmen Sie ungefähr einmal pro Tag freundlich dem kleinen Hund sein Fressen weg, betrachten es kurz, loben ihn fröhlich und stellen es dann wieder vor ihn hin. Der Hintergrund: Bei Hunden gibt es keine Futterrangordnung, auch wenn dies immer noch behauptet wird. Deshalb wird eigenes Fressen auch gegenüber Ranghöheren verteidigt – als erwachsener Hund vehement. Es ist für ein gefahrloses Zusammenleben des- halb sehr wichtig, dass Hunde lernen: Diese Regel gilt unter Menschen nicht! Menschen müssen immer an sein Futter dürfen. Mit dieser Übung vermeiden Sie von vornherein, dass der Hund die Futterschüssel als sein Heiligtum ansieht und gefährliche Situationen entstehen könnten.

Wichtig: Bei älteren Tierheimhunden und erwachsenen Hunden müssen Sie mit diesen Übungen vorsichtig sein – manche dulden keinen in der Nähe ihrer Schüssel. Üben Sie nach der Eingewöhnungsphase und den ersten Hunde- schulstunden hier zunächst nur das Warten und Bleiben, bevor Sie ihn an sein Fressen lassen.

WEGE ZUR AUSGEWOGENEN ERNÄHRUNG

	VORTEILE	NACHTEILE	DAS PASST ZU ...
Rohfütterung („barfen") **oder selber kochen**	— Sie kaufen selber ein und wissen dadurch genau, was der Hund im Napf liegen hat. — Fleisch ist lecker, deshalb lieben die meisten Hunde selber zubereitetes Futter. — Ob groß, klein, dick, dünn, träge oder lebhaft: hier können Sie den individuellen Bedürfnissen Ihres Hunds am besten gerecht werden.	— Sie brauchen besonders in der ersten Zeit oder der Wachstumsphase des Welpen eine exakte Rationsberechnung durch einen Experten, damit die Nährstoffzusammenstellung wirklich passt. — Für den Einkauf und die Zubereitung müssen Sie Geld und Zeit einplanen. — Sie müssen sich viel Wissen aneignen, damit der Hund gut versorgt wird.	— Hunden, die Trockenfutter wenig abgewinnen können oder von Futtermittelallergien geplagt werden. — Hundehaltern, die am Kochen Spaß haben und gerne viel Zeit investieren. — Menschen mit Misstrauen gegenüber der Fertigfutterindustrie. Adressen von einigen Universitäten, die Futterrationsberechnungen anbieten, finden Sie im Anhang.
Dosenfutter	— Keine Konservierungsstoffe nötig, da der Inhalt hitzebehandelt wurde. — Viele Hunde finden Dosenfutter leckerer als Trockenfutter. — Hochwertige Produkte haben meist eine bessere Proteinqualität als Trockenfutter. — Dosenfutter ist sehr lange haltbar.	— Im Vergleich zu Trockenfutter relativ teuer. — Mühsame, sperrige Einkaufsprozedur und Lagerung — Bis zu 80 Prozent Wassergehalt pro Dose werden mitbezahlt. Große Hunde brauchen mehrere Dosen am Tag und bekommen davon manchmal Durchfall.	— mäkeligen großen sowie kleinen und mittelgroßen Hunden. — Hundehaltern, die gern etwas mehr bezahlen, wenn es dem Hund dafür besser schmeckt
Trockenfutter	— Besonders für große Hunde, die viele Dosen pro Tag bräuchten, ist dies eine preiswerte und praktische Lösung. — Die Brocken verderben nicht so schnell und können deshalb längere Zeit im Napf liegen bleiben. — Unkomplizierte Lagerung	— Manche Hunde essen Trockenfutter mit wenig Begeisterung. — Sparen lohnt sich oft nicht, weil manche billigen Produkte durch einen hohen Kohlenhydratanteil und eine geringe Proteinqualität eine weniger effektive Verdaulichkeit haben. — Bei ausschließlicher Fütterung kann die Entstehung von Urinsteinen begünstigt werden.	— Menschen, die fürs Füttern wenig Zeit und Lust übrig haben. — allen Hundetypen, denn alle können Trockenfutter fressen. — Haltern von Riesenrassen, da die Anschaffung unkompliziert ist und das Futter lange hält. Doch eine ausschließliche Fütterung ist langweilig und erfordert stets viel frisches Wasser vor Ort!

Bislang hat der Welpe mit einem Haufen vertrauter Geschwister zusammengelebt.

IM NEUEN ZUHAUSE

Endlich ist der Tag gekommen, an dem Sie Ihren süßen Welpen oder den Hund aus dem Tierschutz abholen können. Bevor Sie jetzt ins Auto steigen und losbrausen, sollten Sie kurz innehalten und überlegen, wie der Neuankömmling die nächsten Stunden erleben wird. Die Trennung von Mutter und Geschwistern ist ein Schock, der den Welpen vorübergehend orientierungslos machen wird. So gemein es klingen mag: In seinem Unglück liegt Ihre Chance. Sie werden der einzige Ansprechpartner in diesen ersten Stunden für den kleinen Kerl sein. Präsentieren Sie sich jetzt als liebenswürdiger, freundlicher Mensch, wird sich der Welpe besonders gern an Sie binden. Mit dem Abholen werden wir zu seiner „Ersatzfamilie" und der Verlauf der ersten Stunden mit uns bildet die Basis einer vertrauensvollen Beziehung. Kuscheln, rangeln, spielen Sie viel mit dem Welpen – das lenkt ihn ab und nebenbei lernen Sie sich richtig gut kennen.

**Die erste Übung lautet:
Ihr Hund soll Sie und Ihre Familienmitglieder vom übrigen Rest der Menschheit unterscheiden lernen.**

Abholung beim Züchter

Nutzen Sie noch nicht die nagelneue Transportbox für einen möglichst gefahrlosen Heimweg. Hier sicher weggesperrt, wird der Welpe mit großer Wahrscheinlichkeit Panik bekommen. Organisieren Sie einen Fahrer, damit Sie Ihre Aufmerksamkeit dem verwirrten Hundekind zukommen lassen können. Halten Sie den Welpen bei seiner ersten Fahrt auf dem Schoß oder im Fußraum des Beifahrersitzes, damit er sich nicht allein fühlt. Vorsichtshalber sollten Sie sich mit Feuchttüchern und Küchenrolle bevorraten. Planen Sie besser ein, dass sich das Hundekind vor Aufregung übergeben und einpinkeln wird. Sie können dann erleichtert sein, wenn er es nicht tut. Die Devise für die ersten Tage: Rechnen wir mit dem Schlimmsten, dann kann uns der Welpe nur positiv überraschen.

Gleichzeitig kann uns so nichts mehr aus der Fassung bringen, und das ist in dieser Situation besonders wichtig. Was auch passiert, geben Sie dem Hundekind das Gefühl, Sie hätten den Überblick und alles wird gut. Streicheln Sie den Welpen ruhig und fest von vorne nach hinten, reden Sie mit beruhigender Stimme zu ihm. Und dann wieder mit dem Fahrer – so, als wäre es ein ganz normaler Ausflug. Der Welpe merkt: Hier ist keiner aufgeregt – und diese Ruhe wird sich ein bisschen auf ihn übertragen.

Jetzt wohnt er ganz allein bei uns. Eine große Umstellung.

Die ersten Tage

Auch wenn es verlockend ist, bitte feiern Sie kein Welpenwillkommensfest mit allen Nachbarn, Freunden und Verwandten. Zu viele fremde Menschen in seiner neuen Umgebung würden ihn maßlos überfordern. Bislang waren Sie nur ein paar freundliche Menschen mehr in seinem Leben. Jetzt werden Sie zu seiner Familie, in der er sich beschützt und aufgehoben fühlen soll. Kümmern Sie sich in den ersten Tagen liebevoll um den jungen Hund, präsentieren Sie sich ihm als ein freundlicher, verlässlicher Ersatz für seine Hundefamilie. Der Rest der Welt kommt später. Marschiert Ihr Welpe zum ersten Mal auf Entdeckertour durch alle Räume, dann achten Sie auf alles, was er tut. Bestärken Sie seinen Mut („Prima") und halten Sie ihn davon ab, verbotene Dinge zu tun, ohne diese zu massiv zu verbieten. Nagt er am Stuhlbein oder kontrolliert den Mülleimerinhalt, schieben Sie ihn sanft weg und sagen deutlich „Nein", lenken Sie anschließend seine Aufmerksamkeit auf Dinge, die erlaubt sind.

Sich heimisch fühlen

Lassen Sie Fress- und Schlafplatz immer am gleichen Ort. Findet der Neuankömmling sein Futter, Wasser und Körbchen immer an der gleichen Stelle wieder, hat er seine erste Orientierung im neuen Zuhause. Und er fühlt sich gleich nicht mehr ganz so fremd.

RITUALE

Damit sich der Hund schnell zuhause fühlt, sollten die ersten Tage im Ablauf immer gleich gestaltet werden. So kann er sich schneller orientieren, lernt uns und unseren Tagesrhythmus kennen. Jetzt ist er bereit, die Feinheiten für ein harmonisches Zusammenleben mit uns zu lernen.

GUTES VORBILD

Hunde erziehen nebenbei, indem sie sofort deutlich freundlich,
neutral oder eingrenzend reagieren.

___

Struktur im Alltag — Vertrauen aufbauen

Wer noch nicht viel vom Leben weiß, braucht jemanden, der alles erklärt. Erfolgserlebnisse beim Lernen und Regeln im Alltag schenken Selbstvertrauen, Sicherheit, Orientierung, stärken die Bindung und das Vertrauen des Welpen oder Tierschutzhundes in uns.

HUNDE RICHTIG LOBEN UND MOTIVIEREN

Manche Hundehalter loben nur mit Leckerli und gehen jedem Konflikt aus dem Weg, andere haben aus Prinzip nie Futter dabei und werfen brüllend mit Gegenständen nach kleinen Hundehalunken. Wie geht Motivieren und Erziehen eigentlich richtig? Zieht ein kleiner Welpe oder Tierschutzhund bei uns ein, dann ist seine Anhänglichkeit meist leicht zu gewinnen. Sein Überlebensprogramm rät ihm nämlich, immer lieb zu sein und den Anschluss an uns nicht zu verlieren. Doch schon nach ungefähr einer Woche kann diese Idylle die ersten Risse bekommen. Denn sobald sich der kleine Kerl geliebt und sicher fühlt, würde er gern genauer wissen, was konkret wir lustig und was doof finden. Hunde sind wie wir soziale Lebewesen, und dazu gehört, dass wir unsere Möglichkeiten gern erweitern und deshalb regelmäßig austesten. Hunde finden es bei diesen Experimenten großartig, wenn wir ihnen zwei Möglichkeiten als Lösung bieten: JA und NEIN. Wie das genau geht, können wir uns von Hundeeltern abschauen.

Spielerisch lernen

Welpen etwas beizubringen, ist eigentlich keine schwierige Sache. Wie immer hilft hier ein Blick ins Familienleben der Kaniden: Hundeeltern und große Geschwister erziehen nicht in fest terminierten „Übungsstunden", sondern so ganz nebenbei im alltäglichen Miteinander. Dabei grenzen sie den Welpen durch Drohen, Erschrecken oder kurzes Festhalten ein, wenn er über die Stränge schlägt, oder fördern richtiges Verhalten durch Zärtlichkeit und Spiel. Auch wir brauchen in den ersten Wochen keinerlei Hilfsmittel, sondern nur unsere Freude, viel Nähe und Spielerei als Belohnung und Motivation, mit uns etwas Lernen zu können. Nutzen Sie deshalb, was Mutter Natur Ihnen geschenkt hat: Streicheln und rangeln Sie mit Händen, Armen, Ihrem ganzen Körper mit dem Welpen und üben Sie ganz nebenbei die ersten, wichtigsten Lektionen (siehe S. 62). Loben Sie ihn mit Lobwörtern dabei (Feiner Hund, Toller Kerl, Super Mädchen), klatschen Sie vor Begeisterung in die Hände. Auf diese Weise etablieren Sie parallel Lobwörter und Applaus.

Wechsel zwischen Spiel und Innehalten

Wechseln Sie beim Spiel manchmal zwischen ausgelassener Toberei und kurzem Innehalten hin und her – so machen Sie schon die erste Übung zur Impulskontrolle und erzeugen eine neugierige Erwartungshaltung beim Hund. Schöner Nebeneffekt: Beim Wechsel zwischen Toben und Innehalten wird ein Botenstoff-Cocktail ausgeschüttet, der für eine besonders schnelle Fixierung von Lerninhalten sorgt, nämlich die „Lerndroge" Dopamin, der Nervenwachstumsfaktor IGF3 und eine leichte Prise des Stresshormons Cortisol beim Stillhalten. So kann der Welpe im Spiel besonders leicht lernen „Aus" zu geben, sich zu setzen und zu bleiben. Im Spiel lernen Hunde alles, was zum Leben an unserer Seite wichtig ist, besonders schnell und mit viel Spaß. Und alles, was Spaß macht, wird auf alle Zeiten fest im Langzeitgedächtnis verankert und kann in Sekundenschnelle abgerufen und umgesetzt werden.

Alle guten Taten belegen Sie sofort fröhlich mit Lobwort und dem passenden Signalwort, also zum Beispiel „Fein Komm!", „Super Komm", wenn der Hund sowieso gerade herangeflitzt kommt. Genau das Gleiche, wenn er Grenzen überschreitet – reagieren Sie früh, schon auf kleine Regelbrüche mit klaren Worten „Lass das" –, so etablieren Sie

nebenbei ein Abbruchwort, das Sie genau wie die Lobwörter ein ganzes Hundeleben lang auch auf Entfernung einsetzen und den Hund dadurch frühzeitig von bösen Taten abhalten können (siehe S. 65 f.).

Leckerlis

Hin und wieder können Sie auch etwas Leckeres geben, wenn der Welpe angerannt kommt. Setzen Sie die „Leckerlis" aber bitte sparsam ein. So verhindern Sie, dass er irgendwann nur noch für eine Futterbelohnung etwas tut. Hunde kennen von Natur aus keine Futterbelohnung, diese Erwartungshaltung wird ihnen von uns Menschen antrainiert. Wenn eine Leckerei manchmal „aus heiterem Himmel" oder nur in ganz besonderen Momenten kommt, wirkt das dann gleich auch viel stärker! Wichtig ist, dass Ihr Hund Sie toll findet und nicht die Leckerchen in der Bauchtasche. Sie toll finden kann er aber nur, wenn Sie sich mit ihm und er sich mit Ihnen beschäftigt – am besten körperlich und mit viel Gefühl. Es ist ein sichtbarer Unterschied, ob ein Hund eine Aufgabe ausführt, weil er dafür ein Futterstück bekommt, oder weil etwas mit uns machen spannend ist und Spaß bringt.

Ein Futterstück eignet sich fantastisch dazu, erwachsene Hunde für neue, alberne Tricks zu begeistern. Ansonsten brauchen Hunde kein Futter, sondern uns, um uns toll zu finden. Vertrauen Sie auf sich selbst!

Hartnäckige Ignoranten

Ganz selten gibt es Welpen, die kaum ein Interesse an der Zusammenarbeit mit Menschen zeigen. Besonders häufig trifft man sie bei Rassen oder Mischlingen an, die auf Unabhängigkeit und Eigenständigkeit gezüchtet wurden, z. B. Herdenschutzhunde. Aber auch spezielle Hundepersönlichkeiten können einer Zusammenarbeit mit Menschen schwer etwas abgewinnen. Bei diesen Kandidaten können kleine Leckereien zur Motivation Wunder wirken. Auch bei Problemhunden oder in schwierigen Situationen können sie unterstützend eingesetzt werden. Wie überall gilt: Was genau zu Ihnen und Ihrem Hund passt, probieren Sie am besten aus und finden Ihren eigenen Weg.

Welpen lernen durch Beobachten und Erleben.

Hunde lernen am schnellsten nebenbei.

Nicht nur Welpen lassen sich spielerisch motivieren. Auch erwachsene Hunde kommen freudig angerannt.

MOTIVATIONSVERSTÄRKER NR. 1: LOB UND SIE!

Damit unser Lob beim Hund freudige Gefühle auslöst, gibt es einen Trick: Immer, wenn wir ins schönste Spiel vertieft sind, loben wir ihn. Benutzen Sie die tollsten Lobwörter („Feiner Hund", „Super", „Prima") und der Welpe wird dieselben positiven Gefühle haben, wenn wir diese Wörter später einsetzen, um ihn für etwas richtig Gemachtes zu loben. Das wird ihn noch mehr motivieren, denn lernen wird so mit freudigen Gefühlen verknüpft. Übrigens konnten Studien im Magnetresonanztomographen zeigen, dass für Hunde Lob eindeutig wichtiger ist als die Aussicht auf eine Leckerei. Bei der Aussicht auf die lobende Besitzerstimme reagierte das Belohnungssystem im Gehirn der Hunde viel stärker als in der anderen Versuchsbedingung. Loben mit fröhlicher Stimme sollte also unbedingt viel eingesetzt werden, um Hunde zu motivieren!

Belohnen, nicht Bestechen

Welpen sind sehr leicht zu begeistern und brauchen für richtige Taten eigentlich kein Futter, sondern Ihre große Freude. Wenn Sie Leckerchen geben, dann achten Sie auf den richtigen Moment, in dem der Hund die Futterbelohnung bekommt – und zwar erst dann, wenn er die Aktion erfolgreich ausgeführt hat. Das ist z. B. der Fall, wenn er vor uns sitzt oder auf unseren Ruf gekommen ist. Erst jetzt erfolgt der Griff in die Tasche plus Lobwort. Viele Menschen rufen nur noch „Leckerli" oder „Leberwurst" über die Wiese und rascheln parallel mit der Tüte. In diesem Fall wird der Hund nicht fürs Gehorchen gelobt, sondern bestochen. Irgendwann dreht sich der Spieß um und der Hund schaut zuerst, was sein Mensch fürs Kommen zu bieten hat. Deshalb machen Sie sich besser nicht von Futter abhängig, sondern setzen sich durch (siehe S. 65) und freuen sich über brave Hunde.

BEGEBEN SIE SICH AUF AUGENHÖHE

Welpen sind meist sehr klein und Menschen erscheinen ihnen unendlich groß. Das kommt daher, weil wir auf zwei Beinen gehen und unser Kopf ganz oben sitzt. Damit der Welpe uns schnell verstehen lernt, sollten wir ihm deshalb oft auf Augenhöhe begegnen.

Perspektivenwechsel

Hunde kommunizieren untereinander viel über Körpersprache und Mimik. Deshalb will jeder Welpe nicht nur unsere Füße, sondern vor allen Dingen unser Gesicht sehen. Kommen Sie Ihrem Hundekind bei seinen Bemühungen ein bisschen entgegen, indem Sie sich zu ihm hinunterbeugen oder auf den Boden setzen und legen. Hier unten, von Angesicht zu Angesicht, können Sie direkt Kontakt mit ihm aufnehmen. So kann der kleine Hund viel schneller lernen: zum Beispiel, wie unsere Körpersprache und Mimik interpretiert werden kann. Oder dass die vielen Worte meist etwas Bestimmtes bedeuten. Und auch wir sind durch den Perspektivenwechsel der Welt aus Hundesicht ein wenig nähergekommen.

Der Blick in Hundeaugen

Japanische Wissenschaftler konnten zeigen, dass beim Blick in die Augen das Bindungshormon Oxytocin ausgeschüttet wird und zwar mit Rückkopplungseffekt! Soll heißen: Je mehr ich meinem Hund in die Augen sehe, desto mehr Oxytocin wird bei ihm ausgeschüttet, und er schaut mir in die Augen … was dazu führt, dass bei mir mehr Glücksbotenstoffe durch die Blutbahn kreisen. Sobald wir Vertrauen zueinander aufgebaut haben, dürfen und sollten wir den Welpen während kuscheliger Stunden also intensiv angucken – ein echter Bindungsbooster!

Schmusestress vermeiden

Allerdings muss diese Innigkeit immer zwangsfrei stattfinden. Besonders Hunde aus dem Tierschutz kennen oft noch keine Innigkeit mit Menschen. Beobachten Sie genau und achten Sie auf seine Körpersprache: Zeigt der Hund Anzeichen von Überforderung, trägt er z. B. die Rute tief, weicht dem Blick aus, klappt die Ohren leicht angewinkelt nach hinten, zieht die Mundwinkel lang oder sich körperlich zurück, sollten wir unsere Annäherungsversuche anpassen und zurückhaltender sein. Wie bei Menschen auch, gibt es unter Hunden Kuschler und welche, denen ein kurzer Streichler ausreicht. Innigkeit entsteht manchmal langsam. Üben Sie sich in Geduld.

Auf Augenhöhe lernen wir uns schnell gut kennen.

SICHERHEIT DURCH KLARE REGELN

Wenn Sie von Anfang an spannend und klar in Ihrem Auftreten sind, dann sind Sie der Grund zu kommen, zu sitzen, zu liegen oder zu bleiben. Doch hin und wieder werden wir getestet. Was nun?

Hunde überprüfen wie alle heranwachsenden sozialen Wesen hin und wieder, wie wichtig uns bestimmte Regeln sind. In diesen Momenten sollten wir nicht hilflos sein, sondern schnell und richtig reagieren. Der Hund lernt: Wir wissen, was wir wollen. Und dass schafft Vertrauen.

Frustrationstoleranz fördern

Viele Hundehalter fürchten, dass der süße, kleine Hund aufhören könnte, sie zu lieben, sobald sie streng werden und deutliche Grenzen ziehen. Deshalb versuchen sie, Konfliktsituationen zu vermeiden, und konzentrieren sich darauf, ausschließlich positive Aktionen des Hundes zu fördern und nicht erwünschte Aktionen zu ignorieren. Doch ist das wirklich „hundegerecht"?

Dass ein Hundeleben nicht immer nur rosig ist, sondern manchmal auch langweilig oder frustrierend, muss auch ein Hund lernen. Er muss warten, während wir mit der Nachbarin klönen, am Schreibtisch sitzen oder im Supermarkt einkaufen gehen. Die gute Nachricht: Wenn wir das von Anfang an sanft üben, stehen die Chancen gut, dass der Hund diese Situationen höchstens langweilig findet und sie mit einem kleinen Schläfchen überbrückt, statt nervig zu jaulen oder das Weite zu suchen. So trainieren wir seine Frustrationstoleranz angepasst an seine Lebensphase wie nebenbei und es kommt gar nicht erst zu größeren Problemen.

Wissen, was man will

Klare Regeln sorgen nicht für einen Beziehungsabbruch, sondern sie können die Begeisterung für uns noch vergrößern. Nicht nur Menschen finden es attraktiv, wenn jemand weiß, was er will. Auch Hunde begeistern sich besonders für Persönlichkeiten mit einem festen Ziel vor Augen. Doch wie zeige ich meinem jungen Hund, was bei mir erwünscht und was verpönt ist? Ganz einfach: Im richtigen Moment richtig reagieren – und falls wir zu massiv oder vorsichtig waren, aus unseren Fehlern lernen und es das nächste Mal besser machen.

— Der richtige Moment ist die frische Tat, auf der Sie den Halunken erwischen. Er ist schon nach drei Sekunden vorbei und Sie dürfen nur noch vor sich Hinfluchen und müssen das Dilemma ertragen.

— Für die richtige Reaktion mit ertappten Straftätern lohnt ein Blick in die Hundekinderstube: Vater und Mutter warnen kurz vor und reagieren dann blitzschnell, aber eindeutig. Danach ist die Welt wieder in Ordnung, und sie geben dem Nachwuchs eine neue Chance, alles besser zu machen. Nachtragend sind sie dabei nie und Ignorieren als Erziehungsmethode kennen sie nicht.

— Besonders beeindruckt sind Hunde, wenn wir vorausahnen, was sie vorhaben und schon auf den Ansatz des Verhaltens mit dem Abbruchwort reagieren. Freuen Sie sich deshalb, wenn sie eine verführerische Situation kommen sehen. Reagieren Sie frühzeitig, schnell und gut vorbereitet, so lernen Hunde besonders effektiv. Loben nicht vergessen, sobald sich Ihr Hund richtig verhält (siehe S. 62).

1

2

3

1. Souveräne Eltern sind gern albern
und verspielt.

2. Zärtlichkeit und Innigkeit festigt
den Zusammenhalt.

3. Auch Parallellaufen stärkt
das Zusammengehörigkeitsgefühl.

Kleine Hundehalunken beeindrucken

Verstößt Ihr kleiner Hund gegen eine Ihrer Hausregeln, dann zeigen Sie ihm ganz unverblümt, dass Sie das nicht witzig finden. Sobald er am teuren Teppich kaut, drohen Sie kurz mit tiefen Lauten und einem Abbruchwort, das Sie immer in diesen Situationen verwenden (z.B. „Lass das"/ „Nein"). Hilft dieser drohende Hinweis nicht, dann „erschrecken" Sie den Bösewicht leicht (!), indem Sie vor ihm auf den Boden klopfen und dabei deutlich das „Nein" wiederholen. Gehen Sie anschließend wieder weg und wenden Sie sich Ihrem Tagesgeschäft zu. Natürlich behalten Sie den Missetäter dabei aus den Augenwinkeln im Blick, denn zu 99 Prozent wollen Welpen wissen, wie ernst uns die Angelegenheit mit dem Teppich wirklich ist. Also testen die kleinen Menschenforscher gleich noch einmal – und werden von Ihnen sofort mit dem Abbruchwort vorgewarnt. Vorausahnen, was ein Hund im Sinn hat, beeindruckt Hunde zutiefst und sorgt für besonders schnelles Akzeptieren von Regeln. War der Hund schneller, werden wir dieses Mal noch etwas deutlicher (indem Sie ihn ein Stück zur Seite schieben, oder – bei sehr wackeren Kandidaten – kurzfristig aus dem Raum befördern). Diese unmissverständliche Wiederholung, gepaart mit dem Abbruchwort, reicht meist, um das „Antikau-Teppichgesetz" für alle Jahre fest zu verankern. Wichtig ist, dass Sie das Strafmaß immer der individuellen Persönlichkeit Ihres Hundes anpassen. Sie wissen ja: Kein Hund ist wie der andere, manche haben ein dickes Fell und wollen es mehrmals mit aller Deutlichkeit von uns wissen, andere brechen schon zusammen, sobald wir nur die Stimme erheben. Wir sind jedoch wie Hundeeltern niemals nachtragend, sondern geben dem kleinen Hund sofort nach der Reglementierung die Chance, alles besser machen zu können! Am besten, indem wir den Schuh provozierend liegen lassen oder die Komm-Übung (siehe S. 108) gleich nochmal wiederholen. Verhält er sich wie gewünscht, loben wir überschwänglich und spielen begeistert.

BLICK IN DIE HUNDE- UND MENSCHENFAMILIE

	HUNDEFAMILIE	MENSCHENFAMILIE
Zusammenhalt	Beim ausgelassenen Spiel liegen Hundeeltern auch mal auf dem Rücken und kehren geltenden Rangordnungsregeln um. Kein Problem: Souveräne Anführer haben es nicht nötig, sich ständig zu behaupten und können albern sein.	Zusammen Zeit verbringen, Spaß und Erfolgserlebnisse haben, auch mal die Rollen tauschen und den Welpen beim Spiel gewinnen lassen — das stärkt das gegenseitige Vertrauen und macht uns sehr attraktiv für den kleinen Hund.
Lernen	Ganz nebenbei werden beim Spielen alle Fähigkeiten fürs Leben geschult: wie man sich geschickt anschleicht, andere austrickst, und Überraschungsangriffe vorbereitet. Der Hund lernt, wo die eigenen und die Stärken und Schwächen des anderen liegen, wie man durch Unterwerfen besänftigt und wie stark man beißen darf, ohne dass es wehtut.	Nebenbei lernen auch wir uns richtig gut kennen. Deshalb sollten wir viel sinnlos spielen — aber hin und wieder auch ein paar wichtige Lebensübungen einflechten (z. B. „Komm", „Aus", „Hols dir) —, so macht Lernen viel Spaß und der Hund hört lebenslang gern auf uns, statt zur Leckerlimarionette oder zum Befehlsempfänger zu werden.
Disziplin	Manchmal belegt der Rudelchef ein Beutestück plötzlich mit einem Tabu: Kein Welpe darf es sich holen, ohne dabei angeknurrt oder erschreckt zu werden. Lerneffekt: Die Jungen begreifen, dass man Vater oder Mutter ernst nehmen muss — und ihrer Führung deshalb vertrauensvoll folgen kann.	Wir sind konsequent, bei allem, was wir tun. Haben wir ein Tabu gesetzt, z. B. „Der runtergefallene Keks wird nicht genommen", dann bleiben wir dabei. Und betonen das Verbot mit Nachdruck, indem wir ein verbotenes Stück absichtlich vor seiner Nase liegenlassen und sofort reagieren, wenn er es aufnehmen will.
Elternfigur	Hundeeltern oder große Geschwister haben kein Problem damit, sich oft von ihrem Nachwuchs zum Spielen überreden zu lassen. Aber sie brechen das schönste Spiel auch hin und wieder so plötzlich ab, wie sie es begonnen haben, und ziehen sich zurück. Alle Zuneigungsbekundungen ihrer Welpenschar nehmen sie gelangweilt hin, bis sich die Hundekinder schließlich von dannen trollen und sich mit sich selbst beschäftigen. Erziehungsergebnis: Die erfahrenen Hunde werden extrem interessant dadurch, dass sie eben nicht immer verfügbar sind.	Dass wir die „Ersatzeltern" sind, ist unserem Welpen schon lange klar. Deshalb wird er uns dafür lieben, wenn wir uns von ihm zum Spielen animieren lassen und dabei so tun, als könnten wir ein Spielzeug nicht erwischen. Aber unserer Freundschaft tut es auch gut, wenn immer mal wieder deutlich wird, dass ein Hund nicht der Mittelpunkt unserer Existenz ist. Deshalb ist die Tageszeitung manchmal eben interessanter als der süße Welpe. Persönlichkeiten, die ein Eigenleben führen, statt immer und allezeit für uns verfügbar zu sein, finden auch Hunde äußerst spannend.

STUBENREINHEIT

Sie träumen davon, schon nach kurzer Zeit keine Pipipfützen mehr wischen und Häufchen vom Teppich kratzen zu müssen? Wie überall in der Hundeerziehung gilt auch beim Thema Stubenreinheit: Wenn wir „Straftaten" vorbeugen, erzielen wir immer den schnellsten Trainingserfolg. Das klassische Verhaltensmuster vor dem „Lösen" eines Welpen sieht so aus: Er läuft mit gesenktem Kopf, als würde er einer Spur folgen, dann dreht er sich plötzlich an einer bestimmten Stelle ein- bis mehrmals im Kreis und spätestens jetzt sollten Sie reagieren! Heben Sie den Welpen hoch und tragen ihn schnellen Schrittes nach draußen. Dort setzen Sie ihn ab und sagen „Geh pischern" – oder was auch immer Ihnen für diesen Moment sinnvoll erscheint. Der Welpe wird vor Überraschung bei den ersten Malen seine pralle Blase völlig vergessen. Bitte zeigen Sie Geduld und verhalten sich absolut langweilig. So wird sich das dringende Bedürfnis schnell wieder in sein Bewusstsein drängen. In exakt diesem Moment verändern Sie Ihre Haltung schlagartig. Freuen Sie sich riesig über diesen tollen kleinen Hund, spielen Sie ausgelassen mit ihm! Natürlich versteht er den Zusammenhang zwischen seiner Aktion und Ihrer fröhlichen Reaktion nicht beim ersten Mal. Aber die Wiederholung macht's: Irgendwann beginnt er zu ahnen, was uns so glücklich macht. Wiederholen Sie jedes Mal, wenn Ihr Welpe sich löst, Ihr Signalwort. Mit der Zeit verbindet er Signal und Handlung und Sie können später Ihren erwachsenen Hund, z. B. kurz vor einer längeren Autofahrt, noch zum Pinkeln schicken.

Auf frischer Tat ertappt

War der Welpe schneller und ein kleiner See (oder vielleicht noch Schlimmeres) schmückt den Boden, müssen wir Folgendes beachten: Wir müssen den Hund immer sofort ertappen. Also in dem Moment, in dem er sich entleert, reagieren wir mit größtem Entsetzen. Nicht fünf Sekunden später, dann ist es zu spät und wir dürfen beim Aufwischen höchstens ein bisschen fluchen. Haben wir „Glück" und erwischen ihn „auf frischer Tat", sagen wir sehr bestimmt „Nein", schnappen ihn uns und tragen ihn schnellen Schrittes nach draußen. Waren wir fix genug, wird er sein Geschäft hier unter unserem Beifall vollenden. Wahrscheinlich ist er aber schon losgeworden, was ihn belastete. In dem Fall reicht es, wenn wir uns kurz mit dem Hund draußen aufhalten und irgendwann kommentarlos wieder hineingehen. Welpen verstehen ganz unterschiedlich schnell, was wir hier von ihnen erwarten.

DER KÜRZESTE WEG ZUR STUBENREINHEIT

— Viel Zeit in Beobachtung investieren.

— Reagieren, bevor es zu spät ist.

— Vorsorgen durch Voraussicht: morgens, nach dem Fressen, nach jedem Schläfchen und im Wachzustand anfangs alle halbe Stunde vorbeugend den Weg nach draußen antreten.

— Bitte bedenken Sie: Eine Welpenblase ist winzig klein, deshalb muss sie oft entleert werden.

— Den Moment fröhlich feiern, wenn das Geschäft draußen verrichtet wurde.

Der Erfolgsmoment für Sie und Ihren Welpen: Zeigen Sie Ihre Freude jetzt deutlich!

Stubenrein im 7. Stock

Viele Hundehalter leben in Altbauwohnungen mit wunderschönem Ausblick. Der große Nachteil: Bis nach draußen sind es meist viele Treppenstufen. Anfangs alle halbe Stunde das Treppenhaus runter- und wieder hochrennen kann man selbst den Sportlern unter uns Hundehaltern kaum zumuten. Mein Tipp: Kaufen Sie ein Hundeklo. Gewöhnen Sie Ihren Hund zunächst auch an dieses stille Örtchen. Hierhinein setzen Sie den jungen Kerl, sobald er das eben beschriebene Suchverhalten zeigt und Sie keine Zeit für einen Sprint nach draußen haben. Loben Sie ihn anfangs überschwänglich. Sobald er das Klo von allein aufsucht, bedenken Sie ihn dann nur noch mit anerkennenden Worten.

Ihre große Freude heben Sie sich für sein Geschäft unter freiem Himmel auf. So beginnt er zu ahnen, worauf wir hinarbeiten. Sobald die Pinkelpausen länger werden, sollten auch Wohnungsbesitzer versuchen, der Pinkelei in geschlossenen Räumen vorzubeugen. Treten Sie jetzt häufiger den Weg nach draußen an und heben Sie sich die Begeisterung nur noch fürs Lösen unter freiem Himmel auf. Entfernen Sie das Kurzzeit-Klo irgendwann stillschweigend und behalten Sie Ihren Welpen danach besonders in dieser Ecke gut im Auge. So können Sie schnell und entschlossen reagieren, sobald er sich dort entleeren möchte. Auf diese Weise versteht er, dass sich seine Geschäftszeiten von nun an für immer nach draußen verlagern.

SCHLAFENSZEIT

Kennen Sie das? War der Tag auch noch so aufregend – wenn es dunkel wird und wir allein in Hotelbetten oder unsere Kinder bei Freunden schlafen, vermissen wir unser gewohntes Zuhause, unser „Nest", am meisten. Welpen geht es da nicht anders. Besonders in den ersten Nächten werden sie vom Hundeheimweh geplagt ...

Unruhige Nächte

Bislang hat unser Welpe neben den wärmenden, quiekenden und zappelnden Körpern seiner Geschwister geschlummert. Und plötzlich soll er allein hier im Dunkeln liegen, in einer fremden Umgebung? Für das Fiepen des kleinen Hundes in den ersten Nächten sollten wir deshalb viel Verständnis zeigen. Auch mit Blick in die Zukunft, denn eine Dissertation von Nicolai Hoppe konnte zeigen, dass sich Nähe und Zuwendung in der ersten Zeit auf die weitere Entwicklung auswirken können. Hunde, die viel Zärtlichkeit erfahren haben und nachts bei ihren Menschen schlafen durften, entwickelten u.a. seltener Trennungsängste (Hoppe et al, 2017). Stellen Sie deshalb eine weich gepolsterte Holzkiste oder einen stabilen Pappkarton in den ersten Nächten neben Ihr Bett. Die Wände sollten so hoch sein, dass der Welpe die Kiste nicht von allein verlassen kann. Jetzt streicheln Sie den Hund ab und an, sodass er sich nicht allzu verlassen fühlt.

Pipi-Alarm

Sobald er sehr unruhig wird, sollten Sie schnell aus den Federn kommen, der kleine Hund muss wahrscheinlich mal. Zögern Sie nicht, sondern laufen Sie nach draußen oder zum Hundeklo (siehe S. 69) und setzen Sie den Hund dort ab. Der kleine Kerl wird so überrascht über diesen unerwarteten nächtlichen Ausflug sein, dass er seine volle Blase total vergisst. Das kann eine harte Geduldsprobe für uns Menschen sein, denn jetzt heißt es abwarten und betont langweilig sein – und das trotz Schüttelfrost. Wiederholen Sie also ganz regelmäßig und ruhig „Geh pischern" / „Mach Pipi" – und warten Sie, bis sich der junge Hund erinnert, was Sie damit meinen könnten. In diesem Moment dürfen Sie sich freuen: über Ihren schlauen Hund und dass Sie wieder ins Bett dürfen. Keine Angst, diese Phase wird nicht lange andauern. Junge Hunde lernen das Durchschlafen viel schneller als Menschenbabys – und schon nach ein bis zwei Wochen haben Sie die Nacht wieder ganz für sich.

Ruhephasen

Auch tagsüber braucht Ihr Welpe noch viele Ruhephasen, in denen er tief, lange und ungestört schlafen kann. Das Leben eines jungen Hundes ist aufregend, all die neuen Reize, Eindrücke und das gewaltige Lernpensum der ersten Monate müssen verarbeitet und gut abgespeichert werden. Damit Ihr Hund schnell schlau wird und dabei gesund bleibt, sollten wir seinem Gehirn viel Zeit gönnen, in der es alle neuen Informationen sortieren und sich erholen kann. Eine Studie aus Budapest konnte zeigen, dass Hunde, die ein neues Signal lernen sollten, im Vergleich zu einer Gruppe, der keine Aufgabe gestellt worden war, eine deutlich erhöhte Gehirnaktivität beim anschließenden Schlafen hatten. Sorgen Sie deshalb für ein kuscheliges Körbchenambiente und viele lange Ruhephasen.

Der richtige Schlafplatz

Die meisten Welpen lieben es, sich zum Schlafen oder Ausruhen in „Höhlen" zurückzuziehen – ein Relikt aus Wolfszeiten. Da wird sich unter Betten, Sessel und Sofas gequetscht, bis man irgendwann zu groß dafür ist. In letzter Zeit haben viele Hundehalter damit begonnen, diesem Höhlenbedürfnis ihrer Hunde gerecht zu werden: Herausgekommen ist der Trend zur „Transportbox im Haus". Sie ist für viele Tiere ein geschätzter Rückzugsort, denn hier kann sich Ihr Hund vor jedem Trubel zurückziehen, wenn er mal ein paar ruhige Minuten braucht. Trotzdem hat man durch die Öffnungen an der Seite und durch den Eingang alles im Blick – und kann schnell wieder mitmischen.

Hunde können sehr zärtlich mit ihrem Maul sein, wenn sie es üben dürfen.

SPITZE ZÄHNE

Welpenzähne sind wie kleine Nadeln, leider lieben und brauchen Hundekinder den Kontakt zu uns durchs Maul. Hunde haben keine Hände, mit denen sie zärtlich sein können. Für Zärtlichkeitsbekundungen nehmen sie deshalb ihr Maul. Unter vertrauten Freunden sieht man deshalb oft, wie sie sich gegenseitig die Gliedmaßen „durchkneten" oder Maulringen mit aufgerissenen Mäulern spielen. Besonders Hundekinder möchten alles ins Maul nehmen, was sie lieben und dazu gehören eben auch unsere Hände und Unterarme. Das ist nett gemeint, gäbe es da nicht ein paar kleine, sehr spitze Probleme: die Welpenzähne. Das heißt für uns: Inniges „Ins-Maul-Nehmen" ist in Ordnung, solange es nicht in ein schmerzhaftes Beißspiel überleitet.

Zärtlich sein

Die Übergänge zwischen Zärtlichkeitsbekundung und wilder Toberei sind bei Hundekindern ziemlich fließend. Im Spiel in Hände zu schnappen, ist aber für jeden Hund ein absolutes Tabu. Der Welpe kann den Unterschied schnell lernen, indem

AUS DEM WEG!

Hunde müssen ab der ersten Woche im neuen Zuhause lernen, dass Sie uns nicht in den Weg laufen sollen. Das kann nämlich beim ausgewachsenen Hund nicht mehr niedlich, sondern eine gefährliche Stolperfalle sein. Deshalb weichen Sie Ihrem Hundekind nicht aus. Stattdessen gehen Sie weiter und schieben es vorsichtig — aber bestimmt — mit dem Fuß zur Seite.

wir ihm unsere Grenzen zeigen: Immer, wenn wir uns in der schönsten Schmusestunde mit Hund befinden, lassen wir ihn unsere Hand in sein Maul nehmen und sanft (!) darauf kauen. Sobald es auch nur annäherungsweise wehtut, reagieren wir vollkommen übertrieben: Wir quieken laut auf. Der junge Hund wird erstaunt mit dem Kauen aufhören – und vorsichtiger weiterkauen. Er kennt diese Reaktion nämlich von seinen Geschwistern; hier ist es gängiger Umgangston, der dem anderen signalisiert: sei vorsichtiger.

Hineinsteigern in ein Beißspiel

Doch was sollen wir tun, wenn er der Versuchung erliegt und testen möchte, wie unsere Hand auf ein Beißspielchen reagiert? Hier verstehen wir gar keinen Spaß: Wir quieken wieder eindrucksvoll, sagen „Nein" und entziehen ihm die Hand. Hört er nicht auf oder steigert sich in das Beißspiel hinein, wiederholen wir mit Nachdruck unser „Nein" und schubsen ihn ein Stück weg. Bei hartnäckigen Beißern: Fassen Sie ihm über die Schnauze und halten einen kurzen Moment diesen „Schnauzgriff", bis er sich still verhält. Danach wenden Sie sich ab und lassen ihm einen Moment Zeit, über alles nachzudenken. Manche Kandidaten möchten noch einmal testen, ob wir wirklich nicht gebissen werden wollen. Andere belassen es dabei und benehmen sich feinfühliger. Der Hund lernt: In Hände beißen ist verboten, zu Händen zärtlich sein erlaubt. Das Beißen in Hände ganz zu verbieten, halte ich für nicht hundegerecht. Damit berauben wir Hunde einer wunderbaren Möglichkeit, uns ihre Zuneigung zärtlich zeigen zu können. Wie schade wäre das für unsere Beziehung!

Fliehende Hosenbeine

Noch etwas fasziniert viele Hundekinder ungemein: Hosenbeine, die sich flatternd neben ihnen bewegen. Besonders, wenn sie fröhlich aufgeregt sind, können sie

diesem Anblick oftmals nicht widerstehen und versuchen, das Gewebe mit ihren Zähnen zu fangen, oder springen sogar an uns hoch. Das sollten wir natürlich nicht zulassen: Reagieren Sie sofort und äußerst böse mit „Nein" – und schieben mit dem Bein oder Fuß den kleinen Angreifer deutlich zur Seite, siehe Kasten links. Ein Hund soll uns niemals vor den Füßen herumturnen und sich schon gar nicht für Kleidung interessieren. Verfestigen Sie das neue Verbot, indem Sie gleich nach der Reglementierung wieder ein Stückchen neben ihm laufen. Auch hier gilt: Provozieren hilft, dass der Hund lernt, was genau wir nicht möchten. In diesem Fall, dass er unten bleiben soll. Sobald er das tut, laufen Sie unbedingt weiter und loben ihn fröhlich mit der Stimme. So lernt der schlaue Hund schnell: fröhliches Nebeneinanderherlaufen ist erlaubt und macht Spaß, Anrempeln und Beißen ist unerwünscht.

Autsch! Welpen müssen lernen, dass unsere Haut empfindlich ist.

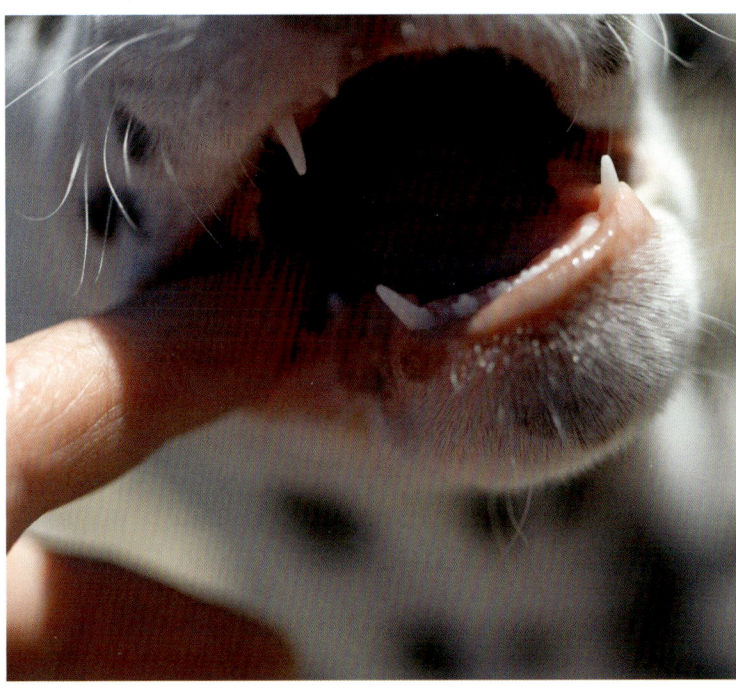

Gut gepflegt –
Gesundheit des Hundes

ANFASSEN ÜBEN

Ob beim Tierarzt oder beim Bürsten zuhause, Hunde müssen sich überall anfassen lassen, im Notfall kann das sogar lebensrettend sein. Und ein Hund, der Bürsten, Baden und Haareschneiden ohne Zappelei über sich ergehen lässt, macht uns das Leben sehr leicht. Deshalb macht es viel Sinn, diese Dinge schon früh und regelmäßig zu üben.

Den Anfang machen dabei kleine Raufspiele mit uns und unserer Hand: Wir berühren die Beine des Welpen, streichen ihm spielerisch über den Kopf, drehen ihn nach rechts und nach links – alles entspannt in fröhlicher, entspannter Atmosphäre, frei von Druck.

Einem Hund, der sich überall anfassen lässt, kann schneller geholfen werden. Das kann in Notfällen lebensrettend sein. Aber auch Routineuntersuchungen beim Tierarzt verlieren so viel von ihrem Schrecken und sorgen für eine entspannte Atmosphäre im Behandlungszimmer.

Tierärzte freuen sich

Später, wenn der Welpe sich eingewöhnt hat, machen Sie dann täglich mit ihm Trockenübungen für den Tierarztbesuch: Streichen Sie mit den Händen an beiden Körperseiten entlang, schieben Sie die Handflächen unter die Ellenbogen und Schenkel. Lassen Sie sich alle Pfoten geben und bohren Sie mit Fingern in den Zwischenräumen der Ballen herum, als ob Sie auf der Suche nach einem eingetretenen Steinchen wären. Streichen Sie über den Kopf, schauen Sie tief in Augen und Ohren, heben Sie die Lefzen und bestaunen Sie sein Gebiss. Zum Abschluss können Sie den Patienten hochheben, ein Stück tragen und auf einen Tisch stellen. Wichtig: Der Hund muss lernen, bei diesen Inspektionen stillzuhalten und ruhig zu bleiben. Das ist besonders für Welpen sehr schwierig. Starten Sie dieses Programm deshalb mit einer sehr kurzen Untersuchung und steigern Sie die Dauer langsam, aber ständig. Dabei können Sie dem Hund vermitteln, dass Sie es nicht böse mit ihm meinen. Reden Sie liebevoll und ruhig auf ihn ein, aber lassen Sie ihn nicht eher laufen, bis Sie das entsprechende Signal dazu gegeben haben (z. B. „Lauf"/„Okay") – und spielen Sie fröhlich zur Belohnung für so tolles Stillhalten!

Welpen brauchen regelmäßig Wurmkuren und bestimmte Impfungen, um eine Grundimmunisierung zu erhalten.

Ein schönes Ruhe-Ritual

Es gibt noch einen positiven Nebeneffekt dieser Routine-untersuchung: Ihr Hund wird nicht nur berührungssicher, sondern akzeptiert in diesem Moment auch einmal kurz stillhalten zu müssen. Körperkontrolle kann man auch in Wolfs- und Hundegruppen beobachten. Hier dürfen Rudel-mitglieder andere Genossen untersuchen, während diese dabei still liegen sollen. Hundemütter und -väter nehmen sich z. B. regelmäßig ihren Nachwuchs vor und beschnüf-feln ihn ausgiebig. Der Welpe liegt dabei meist auf dem Rücken und lässt die Prozedur mehr oder weniger ent-spannt über sich ergehen – je nach Charakter. Versucht er, sich der Inspektion zu entziehen, wird er ruhig aber be-stimmt zurechtgewiesen und muss warten, bis die Eltern fertig sind. Diese Untersuchung ist keine Schikane, sondern hat wichtige Funktionen: Der Welpe lernt dabei ruhig zu liegen und übt ganz nebenbei ein erstes Ruheritual, das eine wichtige Voraussetzung für eine spätere, erfolgreiche Impulskontrolle (siehe S. 99) ist. Gleichzeitig signalisiert er seinen Eltern, dass für ihn ihre übergeordnete Stellung klar ist. Die Eltern prägen sich wahrscheinlich den individu-ellen Geruch, den hormonellen Entwicklungsstand und die psychische Verfassung des Nachwuchses ein und unter-streichen mit der Schnüffelei ganz nebenbei ihre Position.

SCHUTZ VOR KRANKHEITEN

Züchter geben ihre Welpen entwurmt und geimpft an die neuen Besitzer ab und hoffen, dass diese die Grund-immunisierung und den Parasitenschutz im Laufe des ersten Lebensjahres fortsetzen. Ist das wirklich nötig?

Impfungen

Impfungen sind nicht unumstritten; besonders die Impf-intervalle nach der Grundimmunisierung geben immer wieder Anlass zu Diskussionen. Doch auf dem Markt gibt es auch Präparate, die man nicht mehr jedes Jahr impfen muss, son-dern erst nach drei oder sogar vier Jahren – fragen Sie dazu Ihren Tierarzt. Generell gilt besonders bei der Tollwut: Jedes Land hat seine eigenen Gesetze. Wenn Sie mit Ihrem Hund verreisen möchten, sollten Sie die gesetzlichen Vorschriften des Urlaubslandes kennen. Viele der Krankheiten, gegen die routinemäßig geimpft wird, gelten in Deutschland zwar als ausgerottet, doch durch den zunehmenden Import von Hunden aus dem Ausland und Urlaubsreisen mit Hund raten Tierärzte dazu, den Impfschutz durch regelmäßige Auffrischungen aufrechtzuerhalten. Die aktuelle Impfemp-fehlung für Welpen des Bundesverbandes praktizierender Tierärzte (bpt) zeigt, wann Sie mit Ihrem Hund im Lauf der ersten zwei Jahre zur Immunauffrischung müssen (Tabelle).

Hepatitis contagiosa canis (HCC) = durch ein Virus hervorgerufene Leberentzündung, je nach Verlaufsform tritt der Tod innerhalb weniger Stunden ein, oder es kann zu einer chronischen Erkrankung kommen.

Leptospirose = Impfung schützt nur gegen zwei der insgesamt 12 Bakterienstämme. Bei später Diagnose ist der Verlauf oft tödlich.

Parvovirose = ist eine virale Infektion, die Symptome wie hohes Fieber, Durchfälle und eine Abnahme an weißen Blutkörperchen auslöst. Bei sehr schweren Verläufen sterben Welpen innerhalb von 24 bis 48 Stunden.

Staupe = Bei dieser Viruserkrankung treten Fieber, Atemwegserkrankungen, Durchfall, Erbrechen und Abgeschlagenheit auf. Spätfolge: eventuell Schädigung des Gehirns.

Tollwut = Zwar gilt Deutschland offiziell seit 2008 als tollwutfrei, doch für Reisen ins Ausland sind Impfungen Vorschrift.

Parasiten

Nicht nur sie, sondern auch sämtliche Flöhe, Würmer und Zecken in Ihrer Umgebung freuen sich über den neuen Hund. Deshalb sollten Sie ihn und sich vor diesen Plagegeistern schützen.

Rund- und Spulwürmer

Schon im Uterus werden Embryonen durch Wurmlarven infiziert, die aus der Muskulatur der Mutter einwandern. Deshalb werden Welpen bereits beim Züchter im Alter von acht bis vierzehn Tagen zum ersten Mal entwurmt. Zunächst schlucken die Hundekinder das Mittel alle 14 Tage, danach im Abstand von vier Wochen. Das bedeutet, dass neue Hundebesitzer die Entwurmung fortführen müssen – allerdings kann ab der 16. Lebenswoche mit einem Rhythmus von vier Entwurmungen pro Jahr begonnen werden. Tierärzte empfehlen Mittel, die gegen alle Würmer gleichzeitig wirken.

Flöhe und Zecken

Es gibt zwei Möglichkeiten, die pieksenden Plagegeister zu vertreiben: Zum einen verwenden Tierärzte abschreckende Mittel, die dafür sorgen, dass die Parasiten den Hund meiden, zum anderen können SpotOn-Präparate auf den Nacken oder das Fell gegeben werden, die dann über die Blutbahn von den Flöhen und Zecken aufgenommen werden und den Schmarotzer töten. Ganz neu auf dem Markt sind Tabletten, die monatlich gegeben werden und den Entwicklungszyklus von Flöhen unterbrechen. Besonders gut geeignet sind diese Präparate für Haushalte mit mehreren Felltieren, die sich ansonsten immer wieder gegenseitig mit Flohbefall „anstecken". Wirksamer Floh- und Zeckenschutz schützt auch die menschliche Familie.

IMPFUNGEN

Welpen und Junghunde im Alter von …	HCC	Leptospirose	Parvovirose	Staupe	Tollwut
8. Woche	x	x	x	x	/
12. Woche	x	x	x	x	x
16. Woche	x	/	x	x	x
15 Monate	x	x	x	x	x

UNTERWEGS MIT KLEINEN ENTDECKERN

Zeigen Sie Ihrem Welpen die Welt da draußen, lassen Sie ihn viele
unterschiedliche Eindrücke sammeln.

___

Sozialisierung — die Welt entdecken

Das größte Lernpotenzial eines Hundes liegt in der sogenannten „Sozialisierungsphase" – und wir befinden uns gerade mittendrin. Diese Zeit sollten wir also möglichst gut nutzen: Welpen lernen genau jetzt am besten, wie man in unserer Welt als Hund glücklich leben kann.

Die eigentliche Prägungsphase beginnt ungefähr in der dritten Lebenswoche, aber schon die sinnlichen Erlebnisse davor haben großen Einfluss auf die Gehirn- und damit spätere Sozialentwicklung des Hundes (siehe S. 17). Die Prägungsphase geht fließend über in die Sozialisierungsphase, also die Zeit, in der unser Hund mit allem vertraut gemacht wird, was künftig in seinem Leben wichtig sein wird.

Ist der Welpe mit 10 bis 12 Wochen bei uns eingezogen, wird er in der ersten Zeit wenig Interesse am Leben außerhalb unseres Grundstückes zeigen. Das liegt daran, dass kleine Hunde sich noch ähnlich wie Wolfskinder hauptsächlich auf dem Rendevouzplatz vor der Höhle aufhalten und dort spielerisch mit den Geschwistern und Eltern beschäftigen. Deshalb verbringen auch wir diese Zeit hauptsächlich im Haus und direkt davor, konzentrieren uns auf das soziale Kennenlernen. Es geht in dieser Zeit besonders darum, Vertrauen aufzubauen, viel zu spielen und nebenbei die ersten sozialen Regeln im Umgang zu üben. Eine Ausnahme bilden die Welpengruppen, die schon zu dieser Zeit besucht werden sollten (siehe S. 85 f.).

DIE WELT HINTER DEM GARTENZAUN

Eine neue Ära bricht bei Wolfs- und Hundewelpen ziemlich genau mit der 14. Lebenswoche an: Plötzlich beginnen junge Wölfe und Hunde, sich für die „Welt da draußen" zu interessieren, und erweitern täglich ihre Erkundungszüge in die Umgebung. Genau jetzt ist auch der Hundewelpe neugierig auf die Welt jenseits des Gartenzaunes und möchte mit uns zusammen auf Entdeckertour gehen. Das ist der Startschuss, den Welpen nach und nach mit dem Rest der Welt vertraut zu machen, denn er hat jetzt viel zu lernen:

— Wie er sich gegenüber Hunden unterschiedlichen Alters, Geschlechts und Größe zu benehmen hat, damit er zu einem sozialverträglichen Mitglied der Hundegesellschaft heranwächst.
— Dass es viele unterschiedliche Menschen und Menschenkinder gibt, mit denen man regelmäßig freundlichen Kontakt hat.
— Er muss verschiedene Umweltsituationen unserer Lebenswelt kennenlernen (Auto-, Bus-, Bahnfahren, Einkaufsstraßen und -zentren, Cafébesuch, Fahrstuhlfahren, …).

DREI EIGENSCHAFTEN FÜR EINE GUTE SOZIALISIERUNG

Was sich wichtig und nach viel Arbeit anhört, ist in der Praxis nicht schwer. Zu einer guten Sozialisierung brauchen Sie diese drei Eigenschaften:

— ein bisschen Fingerspitzengefühl,

— eine positive Einstellung gegenüber den vielfältigen Erscheinungen der Umwelt,

— innere Gelassenheit, die Sie immer dann an den Tag legen, wenn Sie sich mit dem Welpen in neue, für ihn extreme Situationen begeben (z. B. Bahnhof, Zugfahrt, Hundewiese).

Menschen als Stimmungsüberträger

Hunde orientieren sich ähnlich wie Kleinkinder daran, wie wir Situationen und Gegenstände bewerten. So sollten sich Hundehalter in zwei Studien entweder schockiert oder fröhlich gegenüber einem eingeschalteten Ventilator oder zwei Plastikflaschen verhalten – die Hunde beobachteten ihre Besitzer genau und kopierten die Reaktion bzw. apportierten auf Anfrage die „tolle" Plastikflasche statt der „ekligen". Wie wir uns verhalten, hat also großen Einfluss darauf, wie Hunde Bahnhofshallen oder Restaurants bewerten. Auch Hunde aus dem Tierschutz können noch an neue Dinge gewöhnt werden. Junge Hunde beobachten uns also ganz genau. Und wenn sie merken, dass wir beim Betreten des Einkaufszentrums oder beim Kontakt mit fremden Hunden selbst unsicher sind, dann werden die kleinen Abenteurer hier schnell Schreckliches vermuten. Versuchen Sie, Ihrem Welpen bei neuen Erfahrungen immer ermutigend, beruhigend und ausgeglichen zur Seite zu stehen.

Gehen Sie langsam vor und bringen Sie viel Zeit mit. Setzen Sie sich z. B. auf eine Bank und beobachten zunächst in Ruhe das Geschehen in der Bahnhofsvorhalle. Geben Sie Ihrem Begleiter einen leckeren Knochen. Sobald er weniger gestresst ist, wird er beginnen, an dem Knochen zu kauen, und signalisiert dadurch, dass er die Situation als ungefährlich erkannt hat. An anderen Tagen können Sie dann den Rest des Gebäudes erkunden und irgendwann sogar Bahnfahren. Nehmen Sie sich viel Zeit, orientieren Sie sich an der Tagesform des Hundes, steigern Sie langsam die Herausforderung – so bekommen Sie einen entspannten Begleiter durch den Alltag.

Eine aufregende Situation für kleine Hunde, die entspannt verläuft, wenn wir die erwachsenen Hunde gut kennen und selbst locker bleiben.

Unterwerfen wird von Welpen oft auch vorauseilend gezeigt, um fremde Artgenossen milde zu stimmen.

MYTHOS „WELPENSCHUTZ"

Bitte streichen Sie den Begriff „Welpen-schutz" aus Ihrem Wortschatz. Es gibt ihn nicht unter einander fremden Hunden. Es gibt ihn vielleicht noch unter der Hunde-gruppe beim Züchter und innerhalb eines unter natürlichen Bedingungen lebenden Wolfsrudels für die Welpen der Alphafähe. Was nicht bedeutet, dass man immer nur nett zu frechen Welpen ist. Auch hier wird klar und direkt kommuniziert, was toll und was doof ist. Fremden Welpen begegnet ein Wolfsrudel im eigenen Revier so gut wie nie. Wenn doch, ist davon auszugehen, dass sie als Konkurrenten betrachtet und getötet werden. Hunde sind keine Wölfe und haben im Zuge der Domestikation mehr Toleranz gegenüber fremden Artgenossen im eigenen Wohngebiet entwickelt. Wenn sich erwach-sene Hunde im Stadtpark gegenüber alber-nen Welpen nachsichtig zeigen, dann sind sie also sehr gutmütige, welpenfreundliche Exemplare. Die meisten Hunde nehmen fremde Welpen nicht ernst und gestehen ihnen deshalb ein bisschen Narrenfreiheit zu.

Andere Kandidaten sehen es hingegen als ihre Aufgabe an, ein übermütiges, stürmisches Hundekind in seine Schranken zu weisen. Und sie haben Recht damit. Auch wenn das nicht zu unserer sehr menschlichen Moral vom „immer lieben Hund" passt. Für einen erwachsenen Hund gehört ein freches Hundebaby in erster Linie erzogen. Er wird den stürmischen, aufdringlichen Welpen vielleicht mit einem Scheinangriff zu Tode erschrecken, sodass der arme kleine Kerl vor Angst in hohen Tönen schreit, sich auf den Rücken schmeißt und gleichzeitig ganz ge-hörig ins Fell macht. Dieser Anblick wird unser Herz brechen und unseren Adrenalin-pegel im Blut hochschnellen lassen. Aber unser übermütiges Hundebaby hat in diesem Moment eine wichtige Lektion verstanden, die nur andere Hunde ihm beibringen können: Großen, überlegenen und fremden Artgenossen begegnet man zunächst mit Respekt. Diese „grimmigen" Erzieher leisten also wichtige Sozialarbeit, sie bringen den Jungspunden schon früh korrektes Sozial-verhalten bei.

Es gibt viele nette Menschen, die sich über Hunde freuen – „benutzen" Sie diese, um den Hund auf ein positives Bild von unbekannten Menschen zu prägen.

ERWACHSENE MENSCHEN

Machen Sie sich darauf gefasst: Die meisten Mitmenschen reagieren beim Anblick eines Welpen mit verzückten Ausrufen und möchten den kleinen Hund persönlich auf dieser Welt begrüßen.

Bevor Sie davon genervt sind, sehen Sie diese Reaktion besser als weitere wichtige Welpenübung, denn in der Sozialisierungsphase können wir kaum genug Kontakt zu unterschiedlichen Fremden bekommen.

Ihr Hund muss die Gesellschaft von fremden Erwachsenen und Kindern mit Gelassenheit ertragen können und er muss lernen, dass viele unterschiedliche Ausführungen der Gattung Mensch existieren.

Zur Erinnerung: Es gibt bärtige, bierbäuchige und riesige Männer, dünne, betrunkene, humpelnde, laute und leise Personen. Manche Menschen tragen Hüte, Kopftuch, aufgespannte Regenschirme oder Spiegelbrillen, schieben Kinderwagen und Gehwagen vor sich her oder sausen auf Fahrrädern vorbei. Was für uns normal ist, stellt für einen unbedarften Welpen eine beeindruckende Fülle menschlicher Erscheinungsformen dar.

Vorbildcharakter

Dass so viele Menschen Ihren Welpen streicheln wollen, sollten Sie also nutzen: Bleiben auch Sie freundlich und reden Sie kurz mit den Mitbürgern. Behalten Sie immer den jungen Hund im Blick und fahren Sie nach Hause, wenn Sie merken, dass es für ihn an Eindrücken reicht. Bleiben Sie freundlich, auch wenn Sie Ihre Mitmenschen bitten, den Welpen nicht zu streicheln, weil das heute schon zehn andere getan haben. Denken Sie daran, dass Ihr Hund sich daran orientiert, wie Sie Fremden begegnen – er wird dieses Verhalten schnell kopieren. Und ein Hund, der auch unter Stress freundlich und aufgeschlossen bleibt, wird Ihnen das Leben enorm erleichtern.

KINDER

Man trifft sie überall und es ist ungcmcin wichtig, dass wir Hundehalter gut mit ihnen auskommen: fremde Kinder. Kinder gibt es nicht nur in verschiedenen Altersstufen, sondern auch mit ganz unterschiedlichem Benehmen. Das Problem: Für unsere vierbeinigen Freunde sind sie nicht sofort alle als kleine Menschen zu erkennen, weil sie sich oft ganz anders verhalten als Erwachsene. Sie quietschen, schreien, kreischen, toben umher und haben in einem bestimmten Alter eine ausgeprägte Vorliebe für provozierende Spiele mit Tieren. Für unseren Welpen heißt das: Er muss jetzt lernen, dass Kinder grundsätzlich ungefährlich sind, ja sogar enorm

liebenswürdige und großartige Spielpartner sein können. In Kontakt mit Kindern zu kommen, ist mit einem Welpen meist kein Problem: Kinder lieben Hundebabys und sogar hundeskeptischen Eltern kann so ein kleiner Kerl ein Lächeln abringen. Also geben Sie Ihr Bestes und zeigen Sie den Kindern, wie man richtig mit einem Hund spielt. Zum Schutz des Hundes brauchen Kinder dafür nämlich eine genaue Anleitung – deshalb sollte in jedem Fall immer ein Erwachsener anwesend sein (siehe S. 80). Ein Welpe, der viele positive Erfahrungen im Umgang mit Kindern sammeln konnte, wird kleine, grabschende Hände später gelassener ertragen, bis Sie ihm zu Hilfe eilen können. Haben Sie keine eigenen Kinder? Dann sollten Sie mit dem Welpen regelmäßig Zeit in der Nähe von Kinderspielplätzen verbringen. Auf diese Weise gewöhnt er sich an das Aussehen und an die Geräusche von spielenden Kindern. Oder vielleicht haben Freunde nette Kinder in unterschiedlichen Altersstufen? Zeigen Sie denen, wie man sich richtig mit Welpen beschäftigt. Kinder und Hund haben dann viel Spaß miteinander und Ihr Welpe lernt früh, dass „kleine Menschen" sich zwar anders benehmen, aber trotzdem prima Spielkameraden sein können.

1. Gehen Sie oft, aber kurz in die Stadt – so kommt kein Stress auf.

2. Und der Hund lernt trotzdem alles kennen, was für ihn normal sein soll.

1

2

Nur im Spiel lernen Welpen die feine Mimik ihres Gegenübers kennen und lernen sie richtig zu interpretieren.

UNTER HUNDEN

Welpen erwarten in ihrem Leben gleich zwei soziale Herausforderungen: Sie sollen sich nicht nur in der Menschen- sondern auch in der Hundewelt zurechtfinden. Dabei gilt: Je mehr Welpen lernen dürfen, mit anderen Hunden soziale Beziehungen aufzubauen, desto besser können sie als erwachsene Hunde soziale Situationen meistern.

Denn Sie haben es wahrscheinlich schon geahnt: Hunde führen ein Doppelleben. Fast genauso wichtig wie der tägliche Umgang mit uns ist für den Hund die aufregende Welt der Artgenossen. Hier hat er die Gelegenheit, Freundschaften, Bekanntschaften und vielleicht auch Feindschaften zu pflegen. Wie gut er das alles kann, hängt wieder mal nur von uns ab. Wir müssen lernen, ihn seine eigenen Erfahrungen machen zu lassen. Das fällt Menschen oft nicht leicht, denn in der Hundewelt geht es manchmal recht ruppig zu (siehe S. 81). Und unangenehme Erlebnisse wollen wir unserem kleinen Schützling natürlich gern ersparen. Nur leider sind Hunde Lerntiere und werden nicht mit einem fertigen Verhaltensknigge zum perfekten Umgang miteinander geboren. Jeder Welpe muss also von gleichaltrigen und älteren Hunden lernen, wie man sich richtig benimmt. Je ausgiebiger er Sozialverhalten üben konnte, desto entspannter werden Sie später an seiner Seite über Hundewiesen spazieren können.

Gönnen Sie Ihrem Hund die Erziehung durch Ihnen bekannte andere Hunde und den Spaß vieler Freundschaften.

DIE IDEALE WELPENGRUPPE

Freundschaften schließt man am besten in der Kindheit. Was liegt da näher, als mit dem Hundekind eine Welpengruppe zu besuchen? Doch der Hundeschulenmarkt bietet ein verwirrendes Angebot an „Trainern", „Verhaltenstherapeuten" und „Hundepsychologen" mit extrem schwankender Qualität. Wahre Goldstücke zu finden, kann sich hier als schwierige Aufgabe entpuppen. Mein Tipp: Besuchen Sie mehrere Schulen, machen den Vergleich anhand dieser Kriterien und vergeben Noten.

Konnten Sie beim Hundeschulen-Test (Kasten) hinter alle Punkte ein Häkchen setzen, dann haben Sie die Perle unter den Hundeschulen gefunden. Die Trainer sind Experten, die sehr professionell handeln. Konnten Sie nicht jeder Aussage zustimmen, haben die Trainer dieser Hundeschule zwar Fort-

DER HUNDESCHULEN-TEST

☐ Der Trainer erklärt während der Spielphasen ausführlich und verständlich das Hundeverhalten.

☐ Die Grunderziehung wird uns gut erklärt und in immer wieder neuen Situationen verfestigt.

☐ Die Gruppengröße liegt bei sieben Welpen und ist im Idealfall eine geschlossene Gruppe.

☐ Auch Ausflüge übers Feld, in den Wald und die Stadt stehen im Junghundealter auf dem Programm. Hier erklärt der Trainer genau, wie man sich rücksichtsvoll verhält und wie Hunde an neue Eindrücke gewöhnt werden.

☐ Der Trainer kann auf seiner Website zahlreiche und aktuelle Fortbildungen im Bereich Verhaltensforschung und Training vorweisen.

☐ Der Trainer zeigt ein gutes Einfühlungsvermögen im Umgang mit allen Hunden und Menschen.

☐ Der Trainer vertraut nicht auf eine Methode für alle, sondern gibt Ratschläge und Tipps, die an jedes Hund-Mensch-Team individuell angepasst werden.

bildungen besucht, zeigen aber in Theorie und Praxis deutliche Schwächen. Schnell das Weite suchen sollten Sie bei einer Hundeschule, die nur mit wenigen Häkchen punkten konnte. Sparen Sie sich viel Geld und Irrwege, die der Beziehung zum Hund schaden können, und suchen Sie nach einer besseren Alternative – auch wenn Sie dafür längere Fahrzeiten in Kauf nehmen müssen.

Gleichaltrige Welpen als Trainingspartner

In einem Welpenkurs lernen Hundekinder im Spiel mit Gleichaltrigen die eigenen und fremden Stärken und Schwächen kennen, entwickeln eine verfeinerte Kommunikation miteinander und können auch mit verschiedensten Rassen und Persönlichkeiten sozial flexibel umgehen.

Geschlossene Gruppen

Idealerweise treffen sich deshalb Hundewelpen jede Woche in gleicher Konstellation wieder – so erleichtern wir ihnen, Beziehungen aufbauen und pflegen zu lernen. Geschlossene Gruppen sind zwar für die Hundeschule aufwändiger zu organisieren als offene Gruppen, aber der Vorteil für die Sozialisation und weitere Entwicklung liegt klar auf der Hand. Auch unterschiedlich große Exemplare können dadurch lernen, jede Woche feiner miteinander zu kommunizieren und das Spiel auf die jeweiligen Möglichkeiten des Gegenübers abzustimmen. Stures Fuß- und Sitz-Üben ist am Anfang nicht wichtig, viel mehr Zeit sollte den Welpen für ausgiebiges Rangeln und Raufen gegeben werden. Aktuelle neurobiologische Studien konnten zeigen, dass nur beim „Rough & Tumble Play" Botenstoffe im Gehirn ausgeschüttet werden, die eine Entwicklung von Gehirnbereichen befeuern, die für fein abgestimmtes Sozialverhalten und Problemlösekompetenz zuständig sind. Diese entspannten Raufspiele setzen aber Vertrauen und eine

Je besser sich Hunde kennen, desto fröhlicher und entspannter wird gespielt.

Übertrieben aufgerissene Mäuler, glatte Nasenrücken, große Augen signalisieren: dies ist ein lustiger Spielkampf.

Beziehung der Spielpartner voraus, sodass man anfangen kann, auf die Bedürfnisse des Gegenübers durch angepasstes Spielen Rücksicht zu nehmen. Werden Welpen jede Woche neu zusammengewürfelt aufeinander losgelassen, können sich diese Beziehungen nicht entwickeln, es findet schlicht ein gegenseitiges Austesten statt, das mehr Stress als Spaß macht und im schlimmsten Fall für ungute Erlebnisse sorgen kann. Deshalb ist es auch enorm wichtig, dass der Trainer das Geschehen im Blick behält und weiß, wann er Situationen laufen lässt, damit alle Beteiligten lernen können: Dem Raufer werden Grenzen gesetzt, er lernt, vorsichtiger zu sein; der Schüchterne lernt, wie man „Nein, hör auf" auf hundisch sagt. Schlecht läuft es für die

Welpen, wenn manche immer nur gewinnen und andere ständig gemobbt werden. Dann verkehrt sich der eigentliche Sinn von Welpengruppen in sein Gegenteil um: Die Gewinner wollen nur noch gewinnen und lernen nicht, wie echtes Spielen geht. Die Verlierer werden nicht selten aus Verzweiflung zu Angstbeißern, die irgendwann nur noch in der Leine hängen und wild bellend alle auf Abstand halten wollen, sobald sie Artgenossen sehen.

Ins wilde Spiel eingreifen müssen wir also hin und wieder, um Rabauken in die Schranken zu weisen und schüchternen Exemplaren positive Erlebnisse zu ermöglichen, indem wir passende Spielpartner aussuchen. All dies lernen Hundeneulinge von einem versierten Trainer.

Gut ausgebildete Trainer können dafür sorgen, dass die Hunde aus Welpengruppen mit einem realistischen Selbstbild, guter Bedürfniskontrolle und feinem Sozialverhalten gut vorbereitet in die wilde Zeit der Pubertät starten können.

Große Geschwister beim Züchter sind die besten Erzieher für stürmische Welpen.

LERNERFOLG

Das Wissen über neuro-
chemische Vorgänge kön-
nen wir fantastisch mit ins
Hundetraining übernehmen
und gezielt einsetzen, wenn
wir Hunden etwas Neues
beibringen. Der Erfolg
von spielerischem Lernen
(siehe „Aus" S. 110,
„Bleib" S. 118) lässt sich
genau mit diesem Wechsel
von spielerischer Aus-
gelassenheit und kurzem
Innehalten erklären. Von
Hunden kann man eben
am besten lernen!

ERWACHSENE HUNDE ALS ERZIEHER

Nicht nur gleichaltrige Welpen, auch
erwachsene Artgenossen übernehmen
wichtige Erziehungs- und Sozialisie-
rungsfunktionen. Sie sind am besten
geeignet, mit wilden Welpen gutes
Hundebenehmen und Ruherituale zu
üben.

Wenn sich schon beim Züchter neben
den Wurfgeschwistern mehrere „große
Geschwister" in der Hundegruppe befinden, ist dies die beste Voraussetzung
dafür, dass sich Welpen zu geselligen,
sozialen Wesen entwickeln können.
Neue Studien legen nahe, dass erwachsene Hunde dabei besonders die
Entwicklung von Kompetenzen wie
Impulskontrolle unterstützen können:

Schlägt ein junger Hund im Spiel mit
einem erwachsenem Hund über die
Stränge, dann wird er häufig kurz in
eine Ruheposition „gezwungen": Er
soll ruhig liegen bleiben, bis der große
Bruder oder die große Schwester ihn
freigibt, oder sich ruhig verhalten,
während er geruchlich inspiziert wird
(siehe S. 76). Dabei ist kein beeindru-
ckend „aggressives" Auftreten nötig,
oftmals wirkt es sogar so, als würde
der Welpe die sanft erzwungene Ruhe-
pause regelrecht genießen. Auf neuro-
chemischer Ebene spielen sich dabei
Vorgänge ab, die dafür sorgen, dass
die wichtigen Lerninhalte besonders
schnell fixiert werden können: Beim
vorangegangenen wilden, ausgelassenen
Spiel kommt es zum Ausstoß großer

Mengen Dopamin, denn Spielen macht Spaß. Dann testet der Welpe, wie weit er gehen kann, begeht wahrscheinlich einen kleinen Regelverstoß und bekommt dafür sofort das Feedback und muss kurz still verharren – hier kommt es zum Ausstoß einer Prise Cortisol. Und weil erwachsene Hunde nicht nachtragend sind, wird nach der ruhigen Reglementierung gleich weitergespielt – und Dopamin wird nachgeladen. Genau dieser Wechsel an Botenstoffen sorgt dafür, dass sich neu Gelerntes schnell im Langzeitgedächtnis abspeichert.

Der Hund lernt also im Spiel mit dem erwachsenen Freund nicht nur ein Ruheritual nach dem wilden Toben und damit den ersten Vorgeschmack der Impulskontrollfähigkeit (siehe S. 99 ff.) kennen, sondern er versteht auch sehr schnell, wie man sich mit erwachsenen Freunden zu benehmen hat.

Lassen Sie den Einkaufszettel zu Hause – hier dreht sich alles um den Hund.

UMWELTTRAINING

Trabt ein Hund an unserer Seite, werden wir ganz genau beobachtet: Kommt Fifi, wenn wir ihn rufen? Schnuppert er am Kind in der Karre? Macht Frauchen auch weg, was der Hund hinterlässt? Damit Sie und Ihr Hund ein schönes Bild abgeben, hilft der Stadtknigge (siehe S. 92).

Freude am Entdecken

Ihre innere Einstellung wird viel dazu beitragen, wie der Hund die Welt erlebt. Studien des „Clever Dog Lab" aus Wien haben ergeben, dass unsere Fähigkeit, gelassen mit Stress umzugehen, sich meistens im Hund widerspiegelt. Dazu wurden Hunde und ihre Besitzer in eine merkwürdige Situation gebracht und geschaut, wie

sie sich verhalten. Parallel wurden in Fragebögen die Persönlichkeiten ermittelt und der Ausstoß des Stresshormons Cortisol bei beiden gemessen. Das Verhalten und der Ausstoß des Stresshormons waren bei den jeweiligen Mensch-Hund-Teams erschreckend oft sehr ähnlich: War der Mensch gestresst, war es der Hund auch. Und gelassene Menschen hatten entspannte Hunde an ihrer Seite. Das Studienresultat passt zu den Ergebnissen anderer Forschungen mit Hunden, die zeigen konnten, wie stark sich schon Welpen daran orientieren, wie wir merkwürdige Objekte bewerten. In diesen Situationen zeigen sie genau wie Kinder oft den „Blick zu uns zurück", um sich abzusichern, wie man sich am besten verhalten soll.

Sicherheit ausstrahlen

Geben Sie dem Welpen deshalb von Anfang an das Gefühl, dass alle seltsamen Aufenthaltsorte der Menschenwelt wie Einkaufszonen, Restaurants oder Bahnsteige eher langweilig sind (siehe S. 92). Sie als Mensch haben den Überblick und können abschätzen, was gefährlich und was harmlos ist. Sie sind seine Leitfigur, der er vertrauen kann.

Also: Streicheln Sie den Hund ab und an – und lesen Sie Ihre Tageszeitung in aller Ruhe oder unterhalten sich fröhlich mit anderen Menschen an Orten, die einem Welpen unheimlich erscheinen könnten (Bahnhof, Flughafen, U-Bahnstation, während Bus- oder Bahnfahrten).

Die Welt ist ein aufregender Ort und wird täglich immer neu entdeckt. Passen Sie das Lernpensum dem Alter und der Tagesform des Welpen an, um ihn nicht zu überfordern.

Gucken lassen

Muten wir dem Welpen zu früh zu viele Erlebnisse zu, kann er Reize nicht filtern und verarbeiten. Das sorgt für Stress. Besser ist es, den jungen Hund alles mit Ruhe erleben zu lassen – und ihn viel gucken zu lassen: Häufig rennen Menschen viel zu hektisch mit Hunden durch die aufregende, neue Welt – machen Sie das Gegenteil, nehmen Sie sich Zeit und lassen Sie den jungen Hund alles genau anschauen, bis es langweilig wird. Warten Sie, bis ihn Ihre innere Ruhe angesteckt hat. So wird er nicht abgelenkt und kann die Situation selber beobachten und dadurch lernen, dass Angst unbegründet ist. Belohnen Sie den mutigen Entdecker durch Ihre Zuneigung und Anerkennung. Zeigen Sie ihm auf diese Weise mit viel Gelassenheit die Welt. Diese innere Haltung wird sich schnell auf Ihren Welpen übertragen – bald schon haben Sie einen tollen, souveränen Alltagsbegleiter an Ihrer Seite.

Stärken Sie sein Hunde-Ego

Ein richtig gut sozialisierter Hund begegnet auch im fortgeschrittenen Alter allen neuen Situationen noch ruhig und neugierig. Diese offene, innere Haltung lässt sich früh fördern, indem wir ihn schon als Welpen niemals überfordern, sondern immer das Gefühl geben, der Situation gewachsen zu sein. Parallel können wir ihn an ungewöhnlichen Aktionen teilnehmen lassen (siehe S. 99 ff.). So hat er Erfolgserlebnisse immer dann, wenn er sich etwas zutraut und Ihnen vertraut! Diese Erfolgserlebnisse werden ihn lebenslang selbstbewusst, neugierig und in seinem Vertrauen zu Ihnen unerschütterlich machen. Er kann allen Herausforderungen seines Lebens aufgeschlossen begegnen, probiert gerne Neues aus, achtet konzentriert auf Ihre Stimme und auf Ihre Körpersignale – was auch immer kommen mag. Sein Vertrauen in sich selbst und in Sie als Bezugsperson wird weiter wachsen.

DIE EINKAUFSZONE

Die Stadt ist ein aufregender Aufenthaltsort für einen Hund. Hier trifft man auf unterschiedliche Menschen, Fahrräder klingeln und sausen vorbei, Kinder, Omas und Inlineskater kreuzen unsere Wege, Autos hupen, Motorräder knattern.

All diese Reize prasseln auf unseren Stadtgänger auf vier Pfoten ein und er muss lernen, dass sie alle ungefährlich und sogar langweilig sind. Der beste Trainingsort ist die Einkaufszone, denn hier kommen wir mit allen menschlichen Erscheinungsformen in Kontakt. Ihren Einkaufszettel können Sie für diese ersten Ausflüge zuhause lassen, denn mit Welpen kommt man in der Stadt nur schwer vorwärts. Das liegt zum einen daran, dass sich Ihnen viele Passanten mit verzückten Ausrufen in den Weg stellen werden. Und zum anderen, weil das Hundekind selbst viel Zeit braucht, sich alles genau anzusehen und für ungefährlich zu befinden. Wählen Sie für Ihren ersten Übungsbesuch einen ruhigen Vormittag in der Woche aus, denn die Menschenmassen am Samstag würden einen ungeübten Stadtgänger auf vier Pfoten komplett reizüberfluten und ihm die Lust auf das Abenteuer Stadt verderben. Gehen Sie also zu ruhigeren Zeiten gelassen ein kurzes Stück durch die Innenstadt, lassen den Hund Auslagen anschauen, an Blumen schnuppern und erlauben Sie unterschiedlichen, netten Menschen Kontakt zu dem Hund. Das ist besonders im Welpenalter wichtig, denn jetzt ist er noch fröhlich und aufgeschlossen Fremden gegenüber und wird auch ein ungeschicktes Tätscheln auf den Kopf großherzig verzeihen (siehe S. 82). So lernt ein Hund, dass sich andere Zweibeiner zwar manchmal etwas trottelig benehmen, dabei aber vollkommen harmlos und sogar nett sein können.

DER STADTKNIGGE

— Wir haben immer Tüten dabei, um aufheben und entsorgen zu können, was unser Hund in Grünanlagen oder sonstigen öffentlichen Plätzen fallen lässt.

— Mitmenschen werden nur dann vom Hund beschnuppert, wenn sie sich das wünschen.

— Kindern klaut der Hund keine Brötchen, leckt nicht von ihrem Eis ab und beschnuppert sie auch nicht neugierig vom Kopf bis zu den Zehen.

— An angeleinten Hunden gehen wir ruhig vorbei (vielleicht ist der Hund krank/aggressiv/gestresst?) oder warten auf eindeutige Zeichen des Besitzers, ob ein Annäherungsversuch gewünscht ist.

— In Cafés, Restaurants, Bus und Bahn liegen unsere Hunde ruhig auf dem Boden. Jedes Kommen und Gehen nehmen sie gelassen hin. Denn sie haben gelernt, entspannt zu warten, bis es weitergeht.

Treten Sie mit dem Fuß auf die Leine, so können Sie schneller reagieren, falls der Hund aufsteht.

Ruhepausen

Streuen Sie zwischendurch kleine Verschnaufpausen ein und setzen sich auf eine Bank. So kann er in Ruhe alle Eindrücke aufnehmen.

Gönnen Sie dem Hund oder Welpen und sich selbst dieses zeitintensive Training, bis er die aufregenden Dinge langweilig findet. Beenden Sie den Ausflug am besten, solange der Hund noch wach und munter ist, und treten Sie einen fröhlichen Heimweg an.

Café- und Restaurant-Training

Für die allerersten Trainingseinheiten empfiehlt sich nicht das edelste Lokal der Stadt, sondern ein nettes Café oder ein Biergarten. Der Hund sollte ausgetobt sein und schon wissen, was die Wörtchen „Platz" und „Bleib" bedeuten (siehe S. 116 ff.). Sie suchen sich also einen Tisch, unter dem der Hund gut liegen kann, und legen ihn mit den entsprechenden Worten dort ab. Jetzt bleiben Sie sitzen, lesen Zeitung oder reden entspannt, bis der Hund das erste Mal aufsteht und/ oder zu fiepen beginnt. Darauf reagieren Sie mit klarer Missbilligung: Wiederholen Sie deutlich „Platz" und „Bleib" und wenden Sie sich sofort wieder Ihrer Lektüre zu. Treten Sie nah am Geschirrende auf die Leine, um sofort reagieren zu können, wenn der Hund aufstehen möchte. So lernt er schneller, was genau er machen soll: schlafen. Warum diese Position so wichtig ist? Ganz einfach: Im Stehen kann Hund sich schlecht entspannen, sondern beäugt ständig fluchtbereit das Umfeld. Soll er dagegen liegen bleiben, kann er sich irgendwann mit Ihrem ruhigen Geplapper im Ohr entspannen und wird schnell merken, dass die Situation überhaupt keiner Aufregung wert, sondern höchstens sehr langweilig ist. Doch wir müssen auch fair bleiben: Gestalten Sie den ersten Besuch kurz und sorgen Sie dafür, dass er positiv abschließt. Stehen Sie erst auf, wenn der Welpe sich entspannt hat und eine zeitlang ruhig geblieben ist oder den Moment sogar für ein Schläfchen genutzt hat. Belohnen Sie Ihren Hund für so viel Geduld mit einem Leckerchen und ganz viel Anerkennung und Freude.

JOGGER, RADFAHRER UND WILD

Besonders junge Hunde lieben Jagdspiele: Alles, was sich schnell auf sie zu- oder von ihnen wegbewegt, muss sofort verfolgt werden. Hier wird die schlummernde Jagdleidenschaft ihrer Vorfahren geweckt, die in unserer modernen Zivilisation aber leider gar keinen Sinn macht.

Freude am Verfolgen

Die stark ausgeprägte Freude am Verfolgen von allem, was sich schnell fortbewegt, müssen wir schleunigst in den Griff bekommen. Sobald Ihr Hund Anstalten macht, „fliehende" Mitmenschen, Rehe, Hasen oder auffliegende Vögel zu jagen, reagieren Sie kurz und eindeutig: Treten Sie auf die Schleppleine und sagen streng „Nein". Prüfen Sie, ob Ihr Hund die Lektion verstanden hat. Geben Sie ihm viele Gelegenheiten, zur Verfolgungsjagd aufzubrechen, indem Sie diesen Situationen im Park oder Wald nicht ausweichen, sondern sie sogar provozieren. Behalten Sie Ihren Möchtegernjäger dabei gut im Blick. Sobald Sie erste Anzeichen erkennen, dass er der Versuchung nachgeben möchte, warnen Sie mit Ihrem Abbruchwort „Lass das"/„Vergiss es" vor. Reicht das nicht und er gibt Gas, treten Sie wieder auf die Schleppleine, und wiederholen das Abbruchwort in dem Moment, in dem sich die Leine spannt. Bei hartnäckigen Hundehalunken könnte sich auch bewähren, sie in diesen Momenten zu „erschrecken", indem wir gleichzeitig mit leichten, geräuschvollen Gegenständen werfen, die wir gerade zur Hand haben. Das kann z. B. der Schlüsselbund sein, der neben dem belehrungsresistenten Bösewicht im Gras aufschlägt, verbunden wieder mit dem warnenden „Nein". Bei Wiederholungsgefahr reicht dann meist ein warnendes Klappern mit den Schlüsseln – und der Raufbold überlegt sich die Sache mit dem Jagen noch einmal anders.

Gewöhnung an den Reiz

Sobald der Hund verstanden hat, dass Jagen generell verboten ist, lassen Sie ihn bitte weiterhin zugucken, wie Rehe und Radfahrer das Weite suchen – so kann er sich an den Reiz gewöhnen und dieser wird in Kombination mit dem Tabu irgendwann nicht mehr so aufregend und dann belanglos für den Hund. Wichtig: Bleibt Ihr Hund bei Ihnen, unbedingt loben. Dann gehen Sie ruhig weiter, als wäre sein Nichtjagen die normalste Sache der Welt. Besonders junge Hunde, die noch kein Erfolgserlebnis beim Jagen hatten, sind sehr lernfähig und werden sich schnell für andere Sportarten begeistern lassen (Ersatzbeschäftigung für passionierte Jäger, S. 158). Das Thema Rehe, Jogger, Radfahrer und Co. wird sich dann sehr früh erledigt haben und Sie können ein Hundeleben lang entspannt durch Park und Wald laufen.

Zu Beginn des Trainings ist die Absicherung durch eine Schleppleine hilfreich.

Anspringen

Hunde springen uns Menschen an, weil sie unsere Mundwinkel lecken möchten – ein Unterwürfigkeits- und Zuneigungszeichen junger Hunde gegenüber ihren Eltern. Das ist jedoch nur süß, solange Ihr Hund noch klein und niedlich ist. „Der tut nix! Der will nur spielen!", wird keinen Spaziergänger besänftigen, der von einem ausgewachsenen Bullmastiff nach Welpenart begrüßt wird. Vermeiden Sie derartige Missverständnisse, indem Sie mit dem Training besser frühzeitig beginnen. Jedes Mal, wenn Sie nach Hause kommen, wissen Sie, dass Ihr Hund Sie gleich anspringen wird. Kommen Sie ihm entgegen: Gehen Sie in die Hocke und haken Sie einen Finger ins Halsband ein, mit dem Sie ihn am Boden halten. Immer wenn er hochspringen möchte, halten Sie dagegen und sagen ruhig und bestimmt „Runter". Bleibt er unten, wenden Sie sich liebevoll dem Hund zu. Zeigen Sie Ihre Wiedersehensfreude auf ruhige Weise, streicheln Sie mit langen Zügen vom Kopf den Rumpf entlang und erzählen ihm, dass er der tollste Hund der Welt ist (Warum Begrüßung wichtig ist, siehe S. 124).

Die größte Schwierigkeit bei dieser Lektion sind liebe Mitmenschen, die das Anspringen eines süßen, kleinen Hundekindes nicht so schlimm finden. Versuchen Sie, von vornherein das Hochspringen zu verhindern, z. B. indem Sie sich so auf die Leine stellen, dass er am Boden bleiben muss.

TRANSPORTMITTEL AUTO, BUS UND BAHN

Unterwegs mit dem Auto

Mit seinem wichtigsten Transportmittel ist Ihr Welpe sicher schon in Kontakt gekommen: Ihrem Auto. Diese Erfahrung war sehr aufregend und ungewöhnlich – wir sollten deshalb schnellstmöglich eine zweite, sehr positive folgen lassen.

Sobald sich der Welpe bei uns sicher fühlt (meist nach rund zwei Tagen), fahren wir täglich eine kleine Runde – für ungefähr fünf Minuten, Tendenz steigend – mit dem Auto und beenden die Übung mit einem Spiel oder einem vollen Fressnapf im Auto. Wenn die Fahrten am Anfang kurz sind und fröhlich enden, wird der Welpe schnell Gefallen an dieser Form der Fortbewegung finden, und schon haben Sie einen unkomplizierten Mitfahrer auf der Rückbank sitzen.

Hunderegeln im Auto

1. Für die ersten Autofahrten brauchen Sie unbedingt einen Chauffeur: damit Sie den Welpen im Fußraum halten und beruhigen können.

2. Hat sich der Hund an das Autofahren gewöhnt, kann er auf die Rückbank oder in das Heck umziehen. Ganz wichtig: Für die eigene und die Hundesicherheit ist darauf zu achten, dass der tierische Mitfahrer im Auto immer gut gesichert wird. Für die Rückbank gibt es eigene Hundesitze, Anschnallgurte müssen an stabilen, gut sitzenden und gepolsterten Geschirren angebracht werden. Fürs Heck gibt es sehr sichere Boxen, die leider viel Platz wegnehmen und dem Hund kaum erlauben, Fahrtwege zu erkennen. Ein Gitter sichert Hunde, deren Besitzern diese Freiheit wichtiger als viel Sicherheit ist, oder Giganten, die in keine Box passen würden.

3. Heben Sie den Welpen wegen der Gelenke am Anfang noch aus dem Auto heraus. Sobald er selbst herausspringen kann, müssen Sie ihm beibringen, dass er erst auf Ihren Ruf aus dem Auto aussteigen darf. Sorgen Sie dafür, dass sich alle Bezugspersonen an diese Regel halten. Das „Nicht-aus-dem-Auto-Springen-Gesetz" ist besonders wichtig: Es schützt sein Leben und das aller anderen Verkehrsteilnehmer für Notsituationen, die hoffentlich nie auftreten. Oder jemand lässt aus Versehen die Autotür offen stehen. Wenn Sie jetzt einen Hund haben, der geduldig auf sein Zeichen wartet und nicht auf die Straße springt, hat sich alles geduldige Üben tausendfach ausgezahlt.

Provozieren Sie Ihren Hund: Lassen Sie die Heckklappe an einem ungefährlichen Ort übertrieben lang offen stehen, bevor er dann auf Ihr Zeichen hinausspringen darf. Später können Sie die Heckklappe überall öffnen, ohne dass Ihnen ein Hund entgegenkommt.

Warten immer wieder üben Testen Sie den Hund immer wieder, ob das Warten im Auto auch in Extremsituationen sitzt. Lassen Sie in ungefährlichen Momenten die Tür oder Heckklappe provozierend lange offen stehen. Vielleicht warten Sie ab, ob ein paar Menschen oder andere Hunde am Auto vorbeilaufen? Sobald er unaufgefordert aus dem Auto springt, schicken Sie ihn energisch zurück. Lassen Sie erneut eine gewisse Zeit verstreichen und „erlösen" Sie ihn dann mit viel Begeisterung.

Bellen im Auto Versuchen Sie, von Anfang an zu verhindern, dass er andere Menschen, Hunde oder Radfahrer aus dem Auto anbellt. Hunde tun das, weil sie das Auto als ihr „mobiles Revier" ansehen. Gleichzeitig wollen sie Artgenossen damit auf sich aufmerksam machen. Es gibt Hunde, die bellen permanent, ganze Autofahrten lang, denn irgendwann hat die Raserei im Auto für den Hund einen selbstbelohnenden Effekt. Reagieren Sie also schon beim ersten Ansatz mit einem deutlichen „Nein". Hilft das nicht, kann man kurz und kräftig gegen die Scheibe schlagen und gleich wieder verschwinden. Sobald der Hund nur für ein paar Sekunden ruhig ist, wird die Heckklappe geöffnet und er wird gelobt. Provozieren Sie das Vorbeilaufen von anderen Hunden am Auto und warnen Sie mit Abbruchwort vor, sobald er erste Anzeichen von Aufregung zeigt. Sobald er das daraufhin unterlässt, wird er gelobt – gern auch mal mit Futter. So lernt er schnell: Bellen ist leider verboten, still sein lohnt sich.

Bus und Bahn

Hunde tragen unterschiedlich dicke Nervenkostüme, genau wie wir Menschen. Dementsprechend gibt es Kandidaten, mit denen man vom ersten Tag an problemlos Bus- und Bahnfahren kann. Andere reagieren empfindlicher und wollen langsam an alle Geräusche gewöhnt werden. Doch egal, welches Gemüt Ihr eigener Hund pflegt: Das Wichtigste für ein erfolgreiches Bahntraining ist ein gutes Vorbild. Und das sind Sie. Welpen

1

1. Von einer erhöhten Position aus bekommt man einen neuen Blick auf die Welt – und lernt, auch hier still sitzen zu bleiben.

2. Das „Gelassenbleiben" unter merkwürdigen Umständen wird weiter gefördert, wenn wir uns in einem wackelnden Objekt in Bewegung befinden (Training siehe S. 101).

orientieren sich in neuen Situationen immer an unserem Verhalten. Deshalb sollten wir auf seine Unsicherheit mit beruhigenden Worten reagieren – und sie ansonsten ignorieren. Auch wenn es hart klingt, aber steigen Sie einfach in die Bahn, setzen sich hin, lesen dort Zeitung, unterhalten Sie sich mit Ihren Mitreisenden, kurz: Geben Sie Ihrem Welpen das Gefühl, ein Zug oder Bahnhof ist der normalste Ort der Welt. Halten Sie für Sensibelchen die ersten Eindrücke kurz und steigen Sie nach einer Station wieder aus. Freuen Sie sich über den mutigen Hund, als hätte er gerade etwas ganz Tolles vollbracht. Verlängern Sie die Fahrt- und Verweilzeiten langsam. Sie können sicher sein: Bei regelmäßigen Besuchen wird der Hund öffentliche Verkehrsmittel bald genauso langweilig finden, wie der Begriff klingt, und die Zeit im Zug für ein Nickerchen nutzen. Besonders nervösen Exemplaren kann man Bahnhöfe schmackhaft machen, indem man ihnen hier etwas Leckeres gibt, nämlich immer, sobald man im Bahnhof/im Zug/im Bus angekommen und etwas Entspannung eingekehrt ist.

RESILIENZ TRAINIEREN

Ein gut sozialisierter Hund begegnet auch im fortgeschrittenen Alter neuen Situationen immer ruhig und neugierig. Diese Offenheit lässt sich früh fördern, indem wir ihn als Welpen immer wieder an sehr ungewöhnlichen Aktionen teilnehmen lassen. Zugegeben: Es sieht für Ihre Nachbarn vielleicht etwas merkwürdig aus, wenn Sie den kleinen Kerl in der Schubkarre durch den Garten schieben oder ihn auf die Bank setzen und ihm dabei gut zureden. Aber der Erfolg kann sich sehen lassen! Der Hund lernt, dass die menschliche Welt ziemlich sonderbar ist. Aber gleichzeitig merkt er sich, dass ihm bei seltsamen Unternehmungen mit seinen Menschen nichts passiert, weil sie immer den Überblick und die Ruhe behalten. Die Folge: Wo immer Sie später mit Hund erscheinen, nichts kann ihn mehr erschüttern.

Impulskontrolle

Eine Studie der amerikanischen Forscherin Emily Bray konnte zeigen, dass auch Hunde unterschiedlich gut darin sind, ihre Bedürfnisse zu kontrollieren – es ist eine Frage der Persönlichkeit, welchen Versuchungen wir gut und welchen wir weniger gut wiederstehen können. Aber die „Impulskontrollfähigkeit" ist auch eine Frage des Trainings. Wenn wir uns immer wieder in sehr unterschiedliche, verführerische Situationen begeben und

2

diese aushalten lernen, werden wir mit der Zeit im „Bedürfnisaufschub" immer besser. Warum diese Fähigkeit so toll ist? Weil sie uns in aufregenden Situationen ermöglicht, die Ruhe und den Überblick zu bewahren. Wir können uns immer länger konzentrieren und organisieren, unsere Problemlösekompetenz steigt auch in stressigen Momenten des Lebens an. Für Psychologen ist das ein wichtiger Teil einer guten „Resilienz", also psychischen Stärke. Hunde müssen heute viele Herausforderungen in unserer Gesellschaft bestehen. Mit ihnen in immer neuen Situationen an der Impulskontrolle kreativ zu arbeiten, kann sie dazu bringen, auch in stressigen oder aufregenden Alltagssituationen die Ruhe und den Überblick bewahren zu können.

Tricks für starke Welpennerven

Voraussetzung für diese Übungen: Der Welpe muss Ihnen vertrauen und sicher sitzen bleiben, wenn Sie es ihm sagen. Das funktioniert schon gut? Dann können Sie anfangen. Bei der Gartenarbeit heben Sie den Junghund in die Schubkarre. Dabei soll er (anfangs nur kurz) sitzen und bleiben. Klappt das schon gut, können Sie ihn in dieser sitzenden Position ein Stück schieben. Der Grund: Auf vier Beinen ist es sehr viel schwieriger, das Gleichgewicht zu halten. Das „Sitz und Bleib" ist also angebracht, damit erstens keine Panik aufkommt und zweitens der Welpe nebenbei lernt, dass „Sitz und Bleib" immer gilt – auch unter extremen Bedingungen. Verlängern Sie die Schiebedistanzen ständig – irgendwann

können Sie Kurven fahren, ihn eine zeitlang stehen lassen etc. Lassen Sie Ihrer Fantasie freien Lauf. Ihr Hund wird die Aktion natürlich merkwürdig finden. Aber das Leben mit Menschen wimmelt von merkwürdigen Gegebenheiten, und genau daran soll er sich gewöhnen.

Ideen für mehr Gelassenheit

Ideen gibt es viele, z. B. einen Stofftunnel durchlaufen, über eine Wippe gehen (ein halber Baumstamm, darüber eine ca. drei Meter lange Bohle gelegt), auf Baumstümpfe (findet man überall in der Natur) setzen, über Baumstämme (am Wegrand) laufen lassen, unter Bänken hindurchkriechen lassen, auf niedrige Hocker, Stühle setzen, später hochsteigen lassen. Ganz nebenbei lernt der Welpe bei diesen Übungen, dass „Sitz und Bleib" immer gilt, eben auch unter sonderbaren Bedingungen. Und der erwachsene Hund zeigt es dann zuverlässig in aufregenden Situationen, z. B. wenn Ihre Einkaufstasche umgekippt ist und Sie Ihren Äpfeln hinterherlaufen, Ihr Kind sich das Knie aufgeschlagen hat und Trost braucht, Sie in Ruhe eine alte Bekannte begrüßen möchten …

Bitte keine Überbelastung!

Die Gelenke von Welpen dürfen noch keinen großen Belastungen ausgesetzt werden. Deshalb lassen Sie Ihren Welpen nicht zu oft irgendwo hoch- bzw. hinunterspringen, sondern reduzieren Sie dies im ersten Jahr oder heben Sie ihn herunter.

LERNEN

Belohnen Sie das Aushalten immer mit einem lustigen Spiel! Eine Toberei ist die beste Möglichkeit, dem Hund die Übung nicht nur als tolles Spiel zu verkaufen, sondern auch als schöne neue Lernerfahrung schnell abzuspeichern. Das haben wissenschaftliche Studien herausgefunden (siehe S. 121).

BADESPASS

Schwimmen Sie gern? Und am allerliebsten im Badesee? Na dann, nichts wie hin. Und vergessen Sie ja nicht, Ihren Welpen mitzunehmen. Denn je früher Sie ihn an das kühle Nass gewöhnen, desto unbedarfter wird er Ihnen in das fremde Element folgen. Ganz wichtig beim ersten Kontakt mit Wasser: Sie dürfen den Hund niemals zum Schwimmen zwingen. Unsere Badebegleitung muss das Element alleine entdecken dürfen. Am besten, Sie suchen sich einen ruhigen Badesee und nicht den Strand mit wildem Wellengang aus. Verhalten Sie sich wie immer: Schlüpfen Sie in Ihre Schwimmsachen, gehen ans Ufer und dann in den See. Bleiben Sie eine zeitlang stehen und genießen den Augenblick, Sie können sicher sein, Ihr junger Hund wird sie – wie immer – genau beobachten. Vielleicht wird er aufgeregt kläffen, um Ihnen so mitzuteilen, dass er noch niemals geschwommen ist. Ignorieren Sie ihn weitgehend, reden Sie ihm kurz beruhigend zu, fordern Sie ihn auf, Ihnen zu folgen – aber immer ganz ohne Druck, ohne Zwang.

In dieser Situation zeigen sich oft große Persönlichkeitsunterschiede: Einige Hunde gehen, ohne zu zögern, mit ins Wasser, andere arbeiten sich Schritt für Schritt vor, manche gruselt es beim Anblick glatter Wasserflächen bis an ihr Lebensende. Doch die Mehrheit wird uns früher oder später ins Wasser folgen.

Badefreudige Artgenossen

Schneller geht es, wenn wir einen badefreudigen Artgenossen dabei haben und ihm ein tolles Spielzeug ins Wasser werfen und die gesamte Badegesellschaft fröhlich ins kühle Nass verschwindet. Der Welpe oder das wasserscheue Exemplar wird alleine zurückgelassen und sich wahrscheinlich bald überwinden, den offensichtlichen Spaß nicht zu verpassen und doch mitzukommen. Schließlich vertraut der Hund unseren Erfahrungen, wir geben ihm Sicherheit und darüber vergisst er seine Angst. Irgendwann traut er sich, den sicheren Boden unter den Pfoten zu verlassen und zu erkennen, dass auch er schwimmen kann – ein großartiges Erlebnis für jeden Hund.

Erkunden lassen, kleine Schritte mit Freude begleiten – so finden Welpen Wasser ganz schnell toll.

Gähnen wird in „kleinen" Stresssituationen von Hunden oft als Übersprungshandlung gezeigt.

Baderegeln

1. Wählen Sie fürs erste Mal ein stilles Gewässer. In schäumende Wellenberge und kaltes Meerwasser zu springen, kostet Welpen und Angsthasen noch viel mehr Überwindung.

2. Warten Sie auf warme Tage, eiskaltes Wasser wirkt nicht sehr einladend.

3. Lassen Sie dem Hund viel Zeit, das fremde Element selbst zu entdecken.

4. Gehen Sie alle ins Wasser, dann ist die Wahrscheinlichkeit größer, dass er Ihnen folgen wird, denn junge Hunde bleiben ungern allein irgendwo zurück.

5. Werfen Sie ihn nicht vom Steg oder vom Boot ins Wasser, weil Sie ungeduldig werden. Das kann ihm unter Umständen seine Freude am Baden ein Hundeleben lang verleiden und wird auch sein Vertrauen in Sie tief erschüttern.

6. Machen Sie das Halsband ab. Der Hund könnte sich mit der Pfote darin verfangen, würde sich in der Folge hilflos auf den Rücken drehen – und ertrinken.

7. Vermeiden Sie Frieren, der Welpe sollte nach dem Schwimmunterricht gut abgetrocknet werden und sich bewegen, damit er nicht unterkühlt.

Erziehung –
mit Freude lernen

Bringen Sie Ihrem Hund mit viel Fröhlichkeit die wichtigsten Lektionen bei. Warum mir spielerisches Lernen so wichtig ist? Weil Menschen und Hunde im Spiel nicht nur am leichtesten lernen, sondern sie sich dabei auch immer vertrauter werden.

Spiel ist ein Katalysator für jede Bindung, genauso zwischen Menschen wie zwischen Mensch und Hund. Das funktioniert so gut, weil Spielsignale universell sind. Egal ob Kinder, Hunde oder Katzen, sie alle zeigen dabei übertriebene Gesten, sie jagen sich wild, hoppeln, drehen sich auf den Rücken, winden sich, lachen mit weitaufgerissenen Mäulern und Augen – das alles extrem überdosiert und genau dadurch wird das Gegenüber mit der Spielstimmung infiziert. Spiel wirkt „emotional ansteckend", das ist der Grund, warum wir lachen müssen, wenn wir spielende Tiere beobachten und warum wir plötzlich Lust bekommen, mitzuspielen. Und wenn wir uns darauf einlassen und viel mit Hunden ausgelassen spielen, dann haben wir dort unten, auf dem Teppich oder Rasen die Möglichkeit, das andere Wesen, das Individuum „Hund" viel besser und inniger kennenzulernen. Wir verstehen, wie der Welpe tickt, er lernt, was unsere Gesten und Mimiken bedeuten. Doch noch viel mehr ist auf diese spielerische Weise möglich: Wir können manchmal „heimlich" im Spiel versteckt die ersten Lektionen wie „Aus", „Sitz" oder „Bleib" (siehe S. 114 ff.) üben. Der Hund wird die Wörter auf diese fröhliche Weise sehr schnell lernen, denn spezielle Spiel-Botenstoffe sorgen dafür, dass sie mit positiven Erfolgserlebnis-Gefühlen gekoppelt werden. So entwickelt der junge Hund eine große Lernfreude und gleichzeitig eine große Begeisterung für uns als seinen Menschen. Spielen ist damit der „Bindungs- und Lernbooster" schlechthin!

Doch es gibt noch eine weitere wichtige Funktion, die Wissenschaftler dem ausgelassenen Spiel zuschreiben: Beim Spiel gehen junge Tiere gerne an ihre Grenzen oder überschreiten diese. Sie bringen sich in Körperpositionen, in denen sie angreifbar oder verletzlich sind oder suchen leicht gefährliche Herausforderungen. Mit diesen Grenzerlebnissen verschaffen sie sich eine milde Dosis an Stress in einer ansonsten sicheren Umgebung, die sich aufregend anfühlt. Dieses „Stress-Training" sorgt dafür, dass Tiere mit Stresssituationen besser umgehen können und erhöht die „Resilienz". Resilienz ist die Fähigkeit eines Individuums, mit unvorhergesehenen, stressigen Situationen gelassen umgehen zu können – deshalb kann herausforderndes Spielen dazu führen, dass Hunde unserem aufregenden Alltag entspannter begegnen können. Besonders, wenn sie ihren tollen Menschen an ihrer Seite wissen, mit dem sie viele positive Erlebnisse verbinden und sich sicher und geborgen fühlen. Sie sehen: Spielen ist ein Wunderding, also los!

10 GOLDENE REGELN — MIT VIEL FREUDE LERNEN

1 LOCKER SEIN

Versuchen Sie, allen Ernst und Ehrgeiz aus Ihrem Bewusstsein zu verbannen. Die Devise lautet: Ziele tief stecken. Das heißt, achten Sie darauf, Ihren Welpen nicht zu überfordern, und beenden Sie die Übung immer nach einem Erfolgserlebnis mit einem ausgelassenen Spiel. Erziehung sollte von Ihrem Hund niemals als Zwang empfunden werden. Hunde, die unter Zwang lernen, fühlen sich gar nicht mehr toll und schlau, sondern unfähig, es Ihnen recht machen zu können. Und das macht aus ihnen unsichere, untergebene Hunde. Kein schönes Bild.

2 TREFFSICHER TIMEN

Trainieren Sie erst, wenn der kleine Hund bereit dazu ist. Das bedeutet, er sollte nicht mit prallgefülltem Magen üben oder gerade aufgewacht sein. Besser: Lassen Sie ihn vorher ein bisschen laufen, schnuppern, ohne Sinn und Zweck mit Ihnen spielen und sich lösen. Jetzt ist meist der perfekte Moment fürs Lernen gekommen — bevor er wieder müde wird. Neben einem ausgelassenen Spiel hilft übrigens auch ein tiefes Schläfchen nach dem Üben dabei, den neuen Lernstoff schnell im Langzeitgedächtnis abzuspeichern.

3 SPIELEND LERNEN

Lernen funktioniert bei Hunden wie bei uns Menschen am besten eingebaut ins Spiel (siehe S. 62). Das liegt daran, dass alles was mit fröhlichen Erlebnissen gekoppelt gelernt wird, besonders schnell und dauerhaft ins Langzeitgedächtnis wandert. Belohnungshäppchen sind deshalb meist überflüssig. Spielen sollten Sie mit Ihrem kleinen Hund so oft wie möglich. Meistens nur, weil es viel Spaß und Freude bringt, manchmal aber auch ganz gezielt, um nebenbei die wichtigsten Übungen einzuführen oder zu wiederholen – so wird ein Welpe alles, was Sie wollen, „spielend lernen" — und sich nebenbei ganz fest an Sie binden!

4 RUHE

Trainieren Sie mit dem kleinen Kerl neue Lektionen nicht in der Nähe von Kinderspielplätzen, Schulhöfen oder mitten auf der Hundewiese. Der Grund: Im zarten Welpenalter lassen sich Hunde durch jede Kleinigkeit sofort ablenken. Suchen Sie sich für die ersten Übungseinheiten deshalb am Anfang das heimische Wohnzimmer, später den Garten oder eine einsame Ecke im Park aus. Eltern warten mit der Lernspielstunde, bis ihre Kinder in der Schule oder beschäftigt sind und sie ihr Zuhause und den Garten ganz für sich allein haben. Mit mehr Ablenkung üben wir erst, wenn der Welpe bereit dazu ist.

5 FLEXIBEL SEIN

Wird die Umgebung plötzlich unruhig oder der Hund unkonzentriert, dann beenden Sie die Übung so, dass der Hund das Gefühl hat, irgendetwas richtig gemacht zu haben. Entwickeln Sie keine starren Lehrpläne für die ersten Wochen, sondern versuchen Sie, sich stets auf Ihren Hund, seine momentane Befindlichkeit, die Umwelt und sein Alter einzustellen.

6 POSITIV BEENDEN

Beenden Sie jedes Training unbedingt mit einem Erfolgserlebnis – auch wenn der Welpe mit seiner „Leistung" eigentlich weit hinter Ihren Erwartungen geblieben ist. Sollte er beim „Bleib" (siehe S. 118 f.) z. B. nicht sitzen bleiben, während Sie drei Schritte weggehen, dann lassen Sie ihn stattdessen nur kurz sitzen, richten sich auf, hocken sich wieder vor ihn und beenden sofort die Übung mit viel Freude. So hat er immer das Gefühl, ein toller, schlauer Hund zu sein, und lernt auch das nächste Mal wieder fröhlich und gern mit Ihnen.

7 KURZ UND HÄUFIG

Üben Sie die unterschiedlichen Lektionen am Anfang ungefähr dreimal kurz hintereinander, damit der Groschen fällt, und danach im Laufe eines Tages immer mal wieder eingestreut beim Spielen. Damit vermeiden Sie, dass die Konzentrationsfähigkeit Ihres Welpen überfordert wird, und erhalten gleichzeitig den Spaß am Lernen. Und ganz nebenbei verinnerlicht der junge Hund das neu Gelernte besonders schnell.

8 FÜHREN UND WIEDERHOLEN

Sobald sich unser kleiner Welpe ein bisschen sicherer bei uns fühlt, wird er unsere Führungsqualitäten testen. Diese Sicherheitschecks sind normal, denn auch Welpen, die im Hunderudel aufwachsen, überprüfen hin und wieder die Durchsetzungskraft ihrer Eltern. Bei Hunden laufen diese Testreihen nach dem Motto ab: „Nur wer ganz genau weiß, was er will, dem kann man vertrauen." Deswegen müssen sich Hundeeltern in dieser Zeit gegenüber ihren Welpen immer wieder durchsetzen – und ernten als Dank dafür viel Zuneigung von ihnen. Auch im Zusammenleben mit Menschen verlangt der Welpe in dieser Phase einige deutliche Wiederholungen von Übungen oder begeht gezielt Regelbrüche. Neh-

men Sie das also bitte nicht persönlich: damit will er nur prüfen, ob wir bestimmte Dinge wirklich ernst meinen und ob er sich bei uns sicher fühlen kann. Lassen Sie sich in Ihrem Anspruch nicht beirren, blenden Sie besserwissende Zuschauer aus und behalten Sie Ihr Ziel „Traumhund" fest im Auge. Treten Sie immer konsequent und liebevoll auf – so schaffen Sie die richtige Basis für viel Vertrauen und eine lebenslange Freundschaft.

9 PERSÖNLICHKEIT UND FREUNDSCHAFT

Wie schnell Ihr Welpe einzelne Trainingsabschnitte lernt, liegt neben seiner individuellen Hundepersönlichkeit und Ihren Erziehungskünsten auch an seinen Rasseeigenschaften. Doch das ist kein Freifahrtschein: Auch ein Beagle, Jack Russell Terrier oder sonstiger Dickkopf kann zu einem verlässlichen Begleiter werden, der immer kommt, wenn man ihn ruft. Aber vielleicht brauchen Sie für das Training einen längeren Atem und mehr Durchsetzungskraft als beim Üben mit einem Border Collie. Der manchmal etwas schmerzende Vergleich auf der Hundewiese sollte Sie nie entmutigen. Auch Sie kommen ans Ziel, wenn Sie Ihren Ansprüchen treu bleiben.

10 ANSPRÜCHE ANPASSEN

Ungefähr ab der 14. Lebenswoche wird sich der Welpe von uns angenommen fühlen – und zum Dank frecher werden (siehe Regel 8). Diesen Zeitpunkt dürfen wir nicht verpassen: Ab jetzt können wir unsere Ansprüche an sein Benehmen und das Niveau der Trainingseinheiten langsam aber stetig hochschrauben. Welpen haben eine große Lernfreude und brauchen dringend geistiges Futter. Bringen Sie dem jungen Kerl deshalb genau jetzt langsam die Grundregeln für ein gutes Zusammenleben von Mensch und Hund bei – und er wird sie sein Hundeleben lang wie selbstverständlich beherzigen.

HERKOMMEN – „KOMM"

Ein Welpe liebt es, mit fliegenden Ohren in unsere Richtung zu galoppieren – wir sind nämlich seine Lebensversicherung, die er nicht aus dem Auge verlieren möchte. Diese Situation können wir für das erste „Komm"-Training nutzen. Ziel der ersten Übung „Komm": Der Hund soll lernen, was das wichtige Wort „Komm" und sein Name bedeuten.

Rufen beim Weglaufen

Laufen Sie rückwärts, klatschen an Ihre Beine oder in die Hände und rufen „Komm" plus den Namen des Welpen. Da kleine Hunde panische Angst davor haben, ihre Bezugspersonen zu verlieren, wird Ihr Welpe sofort angerannt kommen. Ist er bei Ihnen, bleiben Sie stehen und freuen sich über sein Kommen, als wäre dies der schönste Moment in Ihrem Leben: Streicheln Sie ihn, loben Sie ihn und spielen Sie ausgelassen mit ihm zur Belohnung. Ganz schnell wird er begreifen, was das Wort und das Klatschen bedeuten: nämlich, dass es auch uns große Freude bereitet, wenn er zu uns kommt. Und weil Welpen sich riesig freuen, wenn wir uns über sie freuen, werden sie dieser Aufforderung immer gern nachkommen. Und das umso begeisterter, je öfter Sie mit ihm das lustige „Komm-Spiel" spielen.

Rufen beim Spielen

Besonders beliebt ist bei Hunden das „Beute-Spiel": Sie werfen ein Spielzeug weg, der Welpe holt es, und während er sowieso gerade auf Sie zurennt, rufen Sie begeistert „Komm" und seinen Namen. Ist er bei Ihnen angelangt, freuen Sie sich natürlich gigantisch über diesen tollen Kerl – und spielen einfach weiter mit ihm. Wenn Sie das Wort „Komm" und seinen Namen auf diese Weise in jedes Spiel mit einbauen, wird er das Herkommen und das Signal schnell positiv verbinden.

Rufen, wenn es Futter gibt

Es gibt noch eine sehr gute Gelegenheit, in der Sie den Hund mit seinem Namen und „Komm" rufen sollten: Immer dann, wenn Sie seine volle Futterschüssel in der Hand halten. Sie werden nicht glauben, wie schnell Ihr schlauer, kleiner Hund die Bedeutung des wichtigen Wörtchens „Komm" für alle Zeiten verstanden und abgespeichert hat.

Rufen ohne Ablenkung

Rufen Sie in der ersten Zeit Ihren Welpen nicht in Situationen, in denen er sich gegen das Kommen entscheiden könnte. Hundekinder lassen sich wie Menschenkinder schnell ablenken. Und wenn gerade etwas Aufregendes passiert (ein Vogel hüpft durchs Gras oder eine Biene sitzt auf einer Blume), dann verzichten Sie besser darauf, ihn sofort zu rufen, auch wenn Sie es eigentlich gerade vorhatten. Warten Sie kurz, bis das Hundebaby wieder „empfangsbereit" erscheint – dann können Sie ihn rufen.

Rufen nur bei Erfolg

Heben Sie sich das wichtige Wort „Komm" nur für Erfolgserlebnisse auf. Bei allen ersten Trainingseinheiten gilt: Wir müssen die Ernsthaftigkeit dieser Übung vor dem Hund verheimlichen. Verfestigen können wir das Signal später, wenn der Junghund lernen soll, dass Kommen ein absolutes Muss ist, bei dem nie auch nur eine Ausnahme gemacht wird.

APPLAUS

Gewöhnen Sie Ihren Welpen an viele positive Geräusche. Sie können später eingesetzt werden, um ihn in seiner Zusammenarbeit weiter zu bestärken. Ein erfolgreiches Mittel ist z. B. der Applaus: Sobald der junge Hund auf Sie zugerannt kommt, etwas richtig gemacht hat, Spaß hat und albern ist, freuen Sie sich nicht nur und loben ihn mit den Lobwörtern (Fein! Super! Toller Hund!), sondern Sie klatschen auch in die Hände.

---

1. Ausgestreckte Arme sind das Sichtzeichen für „Komm".

2. Wird es früh gelernt, ist es ein hilfreiches Signal. Für den Hund bedeutet es: „Juhu, ich darf kommen".

2

„Aus" ist nicht doof, sondern Teil eines tollen Spiels ...

SIGNAL „AUS"

Welpen nehmen alles ins Maul, egal ob es sich um Ihren Lieblingsroman oder einen Kauknochen handelt. Was das Wörtchen „Aus" bedeutet, sollten Sie ihm deshalb im eigenen Interesse bald beibringen.

Wie immer verknüpfen wir auch diesen Begriff mit einer schönen Erfahrung. Das heißt: Wir spielen das Beute-Spiel mit dem Hundekind, ziehen und zerren vorsichtig am Spielseil mit ihm und sagen ganz unvermittelt, mitten im schönsten Spiel „Aus". Gibt er das Seil nicht her, können Sie mit Zeigefinger und Daumen dem Welpen (nicht erwachsenen Hund!) vorsichtig über das Maul fassen und leicht drücken, sodass er das Spielzeug loslassen muss. In dem Moment, in dem wir es frei in der Hand halten, loben wir sofort den kleinen Kerl („Super"/„Prima") – und spielen gleich weiter, indem wir ihm mit den Worten „Hols dir" das Seil wieder ins Maul geben oder ein Stück werfen. Oft reichen drei Wiederholungen kurz hintereinander (siehe Regel 7, S. 107) und der Welpe hat verstanden, was „Aus" bedeutet: Das Spiel geht lustig weiter!

Signal „Aus" verfestigen

„Aus" können Sie von nun an dem kleinen Hund entgegenrufen, sobald er die Schärfe seiner Zähne am Teddy Ihrer Tochter testen möchte, und er weiß genau, was Sie damit meinen. Auf zwei Weisen wird er reagieren.

SPANNUNG IM SPIEL

Bringen Sie Spannung ins Spiel, indem Sie mit einem Wechsel von Spannungsaufbau – „Aus" und dann kurz warten – und Spannungsentladung – „Hols dir" – spielen. Das „Aus-Spiel" spielen wir mit dem Welpen ab jetzt täglich und mit viel Enthusiasmus – und bald wird er wie automatisch und fröhlich auf das Wörtchen „Aus" das Seil loslassen. Auf diese Weise hat der Hund den Begriff „im Spiel" gelernt – es macht ihm Spaß, das Objekt loszulassen, weil es zum Spiel dazugehört.

Er gibt den Gegenstand her!

Sie freuen sich, loben den braven Hund, nehmen den Teddy weg und betiteln ihn mit einem strengen „Nein". Sofort im Anschluss animieren Sie das Hundekind, Ihnen zu folgen, und zeigen ihm all die herrlichen Spielsachen, die Sie extra für ihn besorgt haben. Und weil es so schön ist, spielen Sie gleich ein bisschen mit ihm. Der Hund lernt: Es gibt Spielsachen, die sind verboten, andere sind erlaubt.

Er gibt den Gegenstand nicht her!

Vielleicht hat der Hund die Hoffnung, dass Sie mit ihm spielen möchten? Jedenfalls zerkaut er den Teddy begeistert weiter, läuft vielleicht sogar damit weg. Jetzt muss er merken, dass wir damit nicht einverstanden sind! Reagieren Sie schnell und unmissverständlich und erobern Sie das verbotene Stück zurück. In dem Moment, in dem Ihr Welpe sein Kauobjekt freigibt – egal ob freiwillig oder indem Sie mit Fingern nachhelfen mussten –, loben Sie ihn ruhig, legen das Objekt verführerisch neben ihn und betiteln es noch einmal nachdrücklich mit „Nein". Testen Sie, ob der Hund verstanden hat, und setzen Sie ihn der Versuchung aus, indem Sie ihn scheinbar nicht im Blick behalten. Verhält er sich vorschriftsmäßig, ist Ihre Freude natürlich groß, und Sie locken den braven Kerl zu seinen Spielsachen (laufen Sie vor, klatschen Sie auffordernd in die Hände und rufen Sie ihn mit „Komm" und Namen). Animieren Sie ihn dazu, mit diesen „erlaubten Dingen" zu spielen, indem Sie ihn beim Spiel immer wieder loben. Wenn Sie so vorgehen, wird er sehr schnell begreifen, dass „Aus" nicht nur im Spiel, sondern auch im Leben eine wichtige Bedeutung hat. Setzen Sie den Hund immer einmal wieder der Versuchung aus, indem Sie verbotene Dinge bewusst herumliegen lassen. Dann können Sie schnell und richtig reagieren, sobald Sie sehen, dass er zum Gesetzesbrecher werden möchte.

... das Mensch und Hund viel Spaß machen kann.

LASS DAS

Möchten wir etwas abgewöhnen, dann sollten wir genau diese Situation provozieren, um gut vorbereitet schnell und präzise reagieren zu können – am besten, indem wir die ersten Male aktiv werden und „Lass das" als Abbruchwort sagen. Danach reicht dann nur noch die Vorwarnung mit dem Abbruchwort („Lass das") in der verführerischen, von uns provozierten Situation. Das beeindruckt auch erwachsene Hunde zutiefst und sorgt für besonders schnelles Akzeptieren von Hausregeln oder hilft beim Abgewöhnen neuer Hobbys wie Jagen oder Pöbeln (siehe S. 95, 138 f.). Danach bitte niemals vergessen: die Chance geben, sich richtig zu verhalten. So lernt der Hund schnell, was wir gut und was wir nicht gut finden.

ALLTAG

Die Leine ist in den ersten Tagen vollkommen frei von irgendeinem Erziehungsauftrag. Das heißt, sie darf seine Bewegungsfreiheit niemals einschränken, sondern soll zum langweiligen Alltagsgegenstand werden. Deshalb schleift die Leine am besten von Anfang an immer dann hinter dem Welpen her, wenn es etwas Leckeres zu fressen gibt oder wir gleich hinausgehen wollen.

HALSBAND, GESCHIRR UND LEINE

Wahrscheinlich haben Sie schon vor Wochen ein hübsches Halsband oder Geschirr gekauft. Ist nun der große Moment gekommen, in dem der Welpe das schicke Stück zum ersten Mal umgelegt bekommt, dann rechnen Sie lieber von vornherein mit einer erschütternden Undankbarkeit.

Jeder Hund muss sich daran gewöhnen, ein Band um den Hals oder Geschirr um den Körper zu tragen. Da kleine Welpen meist ziemlich theatralisch veranlagt sind, veranstalten viele von ihnen ein großes Geschrei und Gekratze, um das „Ungeheuer" wieder loszuwerden. Sie können dem Hund diese Phase der Annäherung erleichtern, indem Sie das Anlegen von Anfang an mit einem positiven Erlebnis verbinden. Solche netten Anlässe können z. B. sein:

— er bekommt ein tolles Leckerchen,
— er bekommt sein Futter,
— wir gehen mit ihm nach draußen.

Sie glauben gar nicht, wie schnell der kleine Kerl Geschirr und Halsband mit den schönen Dingen des Lebens verbinden lernt.

Schleppleine und Stadtleine

Eine Schleppleine wird immer am Geschirr befestigt, damit empfindliche Nackenwirbel geschont werden. Mit der Gewöhnung an die Schleppleine gehen wir ganz ähnlich vor: Auch sie wird am Anfang nur zu besonderen Anlässen im Welpenleben hervorgeholt. Neben der Schleppleine brauchen wir für Ausflüge in die Stadt eine kürzere Leine, die wir in der Länge verstellen können.

LEINENFÜHRIGKEIT

Sobald sich unser Welpe auch an diese Leine gewöhnt hat, beginnen wir mit dem „Anti-Zieh-Training". Dabei muss der kleine Abenteurer lernen, dass Zug an der Leine ihm keinerlei Vorteil bringt. Im Gegenteil: Sobald Zug aufgebaut wird, sagen wir „Nicht ziehen" und gehen in die entgegengesetzte Richtung oder laufen einen Bogen in seine Richtung. Sobald er mitläuft, loben wir fröhlich und lassen ihn schnuppern und markieren, so viel er will. So lernt der junge Hund mit der Zeit: „Ziehen bringt nur Schlangenlinien und weg von dem, wo ich hinwill. An entspannter Leine komme ich meinem Ziel näher und ich habe viel Zeit zum Schnuppern."

Erst sitzen, dann ableinen

Immer wieder kann man auf Hundewiesen sehen, wie Hunde beim Anblick ihrer spielenden Artgenossen aufgeregt in der Leine hängend vom Besitzer abgeleint werden und dann lospreschen … Lassen Sie es bitte nicht so weit kommen. Zum einen, weil der Hund unter Zug das Signal bekommt, loshasten zu dürfen, und so fürs Ziehen belohnt wird. Zum anderen, weil Sie kontrollieren, wann er zu anderen Hunden rennen darf. Auf Artgenossen unkontrolliert zustürmen gehört sich nicht und kann zu Konflikten mit fremden Artgenossen führen. Hunde sollen lernen, sich langsam zu nähern. Deshalb muss ein Hund immer kurz sitzen oder warten und darf erst loslaufen, wenn wir ihn mit einem Frei-Signal freigegeben haben (z. B. „Go", „Lauf").

HINSETZEN

Damit unser Welpe gar nicht erst beginnt, sich zu langweilen, können wir schon nach ein paar Tagen damit anfangen, ihm das „Sitz" spielerisch beizubringen.

Sitz mit Spielzeug

Nehmen Sie ein Spielzeug in die Hand, z. B. einen Seilknoten, und halten es mitten im Spiel hoch über den Kopf Ihres Welpen. Geben Sie dabei das Signal „Sitz". Sie müssen das Spielzeug so nach hinten führen, dass der Welpe ihm mit seinem Blick folgt, in Schräglage gerät und somit automatisch den Po auf den Boden setzt. Halten Sie in dieser Position ganz kurz die Spannung, wiederholen „Sitz" in Kombination mit einem Lobwort wie z. B. „Fein, Sitz". Dabei können Sie auch gern die freie Hand zur Unterstützung auf den Rücken des Welpen legen und in Fellrichtung streicheln. Dann lösen Sie plötzlich auf und spielen fröhlich weiter, indem Sie „Lauf" sagen und dadurch das Signal „Sitz" wieder auflösen. Diese Übung bauen Sie ab heute täglich mehrmals in die Spielstunde ein. Sie werden begeistert sein, wie schnell Ihr Hund verstanden hat, was das Wort „Sitz" bedeutet und wie gern er diesem wichtigen Wörtchen folgen wird. Es ist für ihn Teil eines Spiels, das er gern mit Ihnen spielt.

Alltagssituationen

Sobald er verstanden hat, was „Sitz" bedeutet, integrieren Sie die neue Übung in den Alltag. Denn ab jetzt gibt es Situationen, in denen er sich immer hinsetzen soll.

Vor dem Fressen Er muss sitzen und warten, bis er zu seinem Napf darf. Das ist am Anfang eine enorm schwierige Übung, besonders für unsere dauerhungrigen Kandidaten. Deshalb können Sie am Anfang beruhigend die Hände zu Hilfe nehmen – aber trotzdem mit strenger Stimme das „Sitz" immer wieder wiederholen. Halten Sie ihn zu Beginn immer nur kurz in dieser Position – und schicken ihn dann (z. B. mit den Worten „Hols dir"/„Und lauf"/„Go") zum

Fressen. Mit der Zeit können Sie die Hände vorsichtig weglassen, das „Bleib" (siehe S. 118) hinzufügen und die Dauer des Wartens etwas verlängern.

Vor dem An- und Ableinen Das Ritual ist besonders beim Anleinen eine deutliche Ansage: Jetzt ist das freie Rennen vorbei und wir gehen gesittet spazieren. Außerdem verleihen wir der „Übung" so einen deutlichen Anfang und ein klares Ende – Hunde lieben diese Orientierungshilfe. Sie sorgt dafür, dass auch das entspannte Laufen an der Leine gleich viel schneller gelernt werden kann.

Bevor wir aus der Tür treten Es ist wirklich unangenehm (und auch gefährlich), wenn der Hund immer aus der Tür stürmt, sobald wir sie nur einen Spalt geöffnet haben. Besser, er setzt sich hin und wir öffnen in Ruhe die Tür.

Bevor wir ins Haus gehen Stellen Sie sich vor, wie Ihr Hund nach einem langen Regenwetterspaziergang glücklich und dreckig ins Haus stürmt – und direkt aufs neue, weiße Sofa springt. Spätestens jetzt ahnen Sie, dass bestimmte Gewohnheiten im Alltag mit Hund durchaus sinnvoll sein können: zum Beispiel gesittet vor der Tür zu warten, bis wir die Schuhe ausziehen und das Hundehandtuch für schwarze Pfoten holen konnten. Auch eine herrliche Übung, um das „Sitz und Bleib" zu festigen.

Bevor er aus dem Auto springt Kein Hund darf aus dem Auto springen, bevor wir ihn nicht dazu aufgefordert haben – zu seiner eigenen Sicherheit und der aller anderen Verkehrsteilnehmer. Das Sitz hilft uns bei dieser Übung: Wenn unser Hund lernt, dass er sich immer hinsetzen muss, bevor er aus dem Auto springen darf, haben wir das unkontrollierte Herausspringen schon verhindert (siehe weitere Autotipps, S. 96). Mit dieser Übung verfestigen wir die „Sitz"- und später „Bleib"-Übung. Der Welpe lernt, dass die Ansage auch in stressigen Situationen gilt.

PLATZ ODER DOWN

Wenn sich der Welpe von allein hinsetzt, sobald er „Sitz" hört, hat er den Begriff sicher abgespeichert. Jetzt können wir anfangen, ihn mit der Bedeutung des Wörtchens „Platz" oder „Down" vertraut zu machen.

Platz mit Spielzeug oder Futter

Sie setzen sich auf den Boden und spielen mit dem Zerrseil mit Ihrem Hund. Stellen Sie Ihre Beine zu einem „V" auf. Dann ziehen Sie das Seil am Boden entlang, unter Ihren aufgestellten Beinen hindurch, sodass der Welpe hindurchkriechen und sich dafür hinlegen muss. In diesem Moment sagen Sie „Platz" oder „Down" und halten den Hund kurz in der Position – um danach gleich weiterzuspielen.

Die Prinzessinen oder Memmen unter den Hunden finden Hinlegen oft wirklich richtig doof. Seien Sie geduldig: „Sitz" ist wichtiger, „Platz" kann später kommen. Oft haben diese Hunde auch einen nackten Bauch oder sind empfindlicher – Sensibelchen kann man bei

Viele Hunde legen sich nicht gern hin. Geben Sie ihm Zeit.

„Platz" auf Signal

Hat der Welpe den Begriff verstanden, können wir uns im nächsten Schritt vor dem Welpen positionieren und ihm mit der Hand das „Down"- oder „Platz"-Signal zeigen. Dazu klopfen wir zuerst mit der flachen Hand leicht vor ihm auf den Boden und wiederholen dabei „Down". Liegt der Welpe, freuen wir uns gigantisch über diesen cleveren Kerl und spielen gleich weiter mit ihm. Später reicht es, wenn wir nur noch die Bewegung mit der flachen Hand ausführen, ohne den Boden zu berühren. So lernt er von klein auf die Geste mit dem Wort zu verbinden und wird sie als erwachsener Hund sogar auf weite Entfernung hin ausführen können (siehe S. 145). Ab jetzt bauen wir „Platz" immer wieder in jede Spielerei ein, aber wechseln es regelmäßig mit Sitz ab. Dadurch lernt er, die beiden Begriffe zu unterscheiden.

BEENDEN EINER ÜBUNG

Das Auflösesignal „Go"/„Lauf"/„Okay" ist enorm wichtig und sollte unbedingt zu unserem Grundwortschatz im Umgang mit Hunden gehören. Damit bekommen alle Übungen ein klares Ende. So lernt der Hund, dass er nicht loslaufen darf, bevor wir es ihm erlauben. Das hört sich streng an, dient aber seiner Sicherheit! Auf diese Weise beugen wir vor, dass er unkontrolliert wegrennt, sobald er etwas Interessantes erspäht hat. Wenn ein Hund schon als Welpe verinnerlicht, dass jede Übung einen Anfang und ein Ende hat, wird er das wie automatisch ausführen.

warmem Wetter oder in der Wohnung mit Leckerchen überzeugen. Halten Sie die Leckerei dicht über den Boden und wiederholen Sie das entsprechende Wort. Sobald der Hund sich hinlegt, geht die Hand auf und die Leckerei erscheint zur Belohnung. Auch hier darauf achten, dass der Hund nicht von allein wieder aufsteht, sondern kurz die Position halten – und ihn dann freigeben. Das Füttern als Gegenleistung kann man später langsam wieder ausschleichen und nur noch sporadisch geben.

ÜBEN

Wiederholen Sie im Alltag alle Übungen immer wieder, besonders wenn Sie neue Lektionen trainieren. Nur so vergisst der Welpe die alten nicht wieder, lernt, die einzelnen Signale voneinander zu unterscheiden und reagiert irgendwann wie „im Schlaf" auf uns.

BLEIB

Bis hierhin hat der Welpe oder Tierschutz-hund schon gelernt, was „Sitz" und „Platz" bedeuten. Jetzt steigern wir diese Spielstufe: Von nun an soll der Hund sitzen bleiben, während wir uns von ihm entfernen. Wichtig: Bauen Sie auch diese Übung in ein spannendes Spiel ein, indem Sie am Ende zur Belohnung ausgelassen mit ihrem Welpen ein Stück rennen und toben.

Schritt 1 – Aus-der-Hocke-Aufstehen

Wir setzen oder legen den Hund ab, sagen deutlich „Bleib" und strecken langsam die Knie, bis wir halb aufgerichtet sind. Dazu halten wir die Hand deutlich in der „Bleib"-Position. Sie wird zum Hund abgewinkelt. Sinn und Zweck: Später, wenn der Hund erwachsen ist, reicht das Handzeichen von der Ferne aus – und er weiß, dass er warten soll, bis Sie wiederkommen.

Fürs Erste reicht das schon aus: Der Hund muss lernen, ruhig sitzen zu bleiben, auch wenn wir uns vor ihm aufrichten. Im Laufe der nächsten Tage stellen wir uns auf diese Weise vor ihn hin – bei manchen Kandi-daten klappt das schon am ersten Tag, bei anderen Hunden braucht man mehr Geduld.

Schritt 2 – Erste Schritte weg vom Hund

Sobald Sie sich vor Ihrem Hund aufrichten können, ohne dass er aufspringt, können Sie sich mit langsamen Bewegungen – pro Übungseinheit einen Schritt weiter – weg vom sitzenden Jungspund oder Tierschutz-hund entfernen. Dabei gehen wir am Anfang immer wieder zu ihm zurück und loben ihn ruhig, während er noch sitzen oder liegen bleiben soll. Erst nach dem ruhigen Loben, „erlösen" wir ihn mit dem Auflösewort „Lauf"/„Go"/„Okay" und einem fröhlichen Nebeneinanderherlaufen.

Schritt 3 – Länger warten

Je älter der Hund wird und je länger wir die Lektion üben, umso weiter können wir von ihm weggehen und die Dauer des Sitzen-bleibens erhöhen. Klappt die Übung sicher, können wir vorsichtig damit anfangen, den Hund zu uns zu rufen. Hunde lieben das: Das Rennen zu uns und die anschließende Toberei ist mit sehr positiven Gefühlen verknüpft, es kommt zum Ausstoss von „Dopamin", der „Lerndroge" unter den Botenstoffen – eine großartige Motivation, bei dieser Übung immer wieder mit großer Begeisterung mitzumachen.

Auch erwachsene Hunde müssen das „Bleib" immer wieder und abwechslungs-reich üben, damit es in aufregenden Situa-tionen sicher klappt.

Schritt 4 – Wegrennen

Noch eine Steigerung der Spielstufe: Sie gehen weg, später rennen oder hüpfen Sie, und verstecken sich hinter Bäumen, treten wieder hervor und rufen ihn dann ab. Er lernt: Auch unter merkwürdigen Bedingungen und wenn mein Mensch aus dem Sichtfeld verschwindet, gilt das „Bleib" weiterhin.

Schritt 5 – Verstecken

Langsam steigern Sie Ihre „Versteckzeit": Verborgen hinter Büschen oder Bäumen bleiben Sie einen Moment stehen, zählen anfangs bis fünf, später bis 60, irgendwann drei Minuten – und treten dann ruhig wieder auf den Weg, verharren kurz – denken Sie an den Spannungsaufbau – und rufen Ihren Hund dann fröhlich zu sich. Das erlösende Rennen zu Ihnen hin wird von Hunden als sehr motivierend wahrgenommen – besonders, wenn Sie vor Begeisterung über Ihren gelehrigen Freund in die Hände klatschen, ein Stückchen mit ihm laufen und Ihrer Freude ohne Hemmungen Ausdruck verleihen. Ihre Anerkennung wird für ihn die schönste Belohnung sein und ihn motivieren, noch viel mehr zu lernen, z. B. das lustige Bleib-aus-der-Bewegung-Spiel (siehe S. 144).

Doch Vorsicht, es fällt einem jungen oder ungeübten Hund besonders schwer, sitzen zu bleiben, wenn er weiß, dass er gleich losrennen darf. Geduld gehört nämlich nicht zu den großen Tugenden von jungen Hunden oder sonstigen Anfängern. Deshalb: Beginnen Sie mit dem Abrufen nicht zu früh, sondern erst, wenn das „Bleib" sicher sitzt – und streuen Sie es dann anfangs auch nur ab und an ein.

Was tun, wenn der Hund aufsteht?

Natürlich muss ein unerfahrener Hund auch diese Spielregeln verinnerlichen und wird am Anfang aufstehen. Schicken Sie ihn, ohne zu zögern, mit „Sitz" oder „Platz" an exakt die Stelle zurück, an der Sie ihn vorher platziert haben. Danach geht das Spiel von vorne los.

Doch um die Übung dieses Mal mit einem Erfolgserlebnis zu beenden, sollten wir eine Distanz wählen, die unser Welpe oder ungeübte erwachsene Hund sicher aushalten kann. Hat jetzt alles geklappt, gehen wir gleich zum Hund zurück, loben ihn ruhig an Ort und Stelle, halten kurz die Spannung – und geben ihn dann fröhlich frei („Und Lauf").

Spielend lernen!

Eine aktuelle Studie aus Lincoln/ Großbritannien konnte zeigen, dass Spiel anscheinend besonders gut geeignet ist, damit neu Gelerntes schneller ins Langzeitgedächtnis wandert. Dazu ließen die Forscher Labradore nach dem Lernen entweder schlafen oder spielten mit ihnen und prüften dann nach einem Tag, wer sich besser an den Lernstoff erinnern konnte. Das Ergebnis: Die Spielgruppe schnitt deutlich besser ab! (Affenzeller et al., 2017). Deshalb: Laufen, freuen, spielen Sie nach der Übung – das sorgt für fröhliche Gefühle und schlaue Hunde!

1

ENTSPANNT BEI-FUSS-GEHEN

Fröhlich Fußlaufen ist die schwerste Übung für Hund und Halter; das ist auch der Grund, warum wir sie so selten in Perfektion vorgeführt bekommen. Das Grundproblem ist ein Missverständnis: Menschen finden die Vorstellung, dass ein Hund immer stramm neben ihnen läuft, einfach toll. Die Enttäuschung folgt „bei Fuß", denn die meisten Hunde betrachten das Fußgehen als die größte Zumutung in ihrem Hundeleben. Der Grund ist einleuchtend: Das menschliche Schritt-tempo unterscheidet sich sehr von dem der Hunde. Und die Welt aus der Hundeperspektive bietet viele auf-regende Sinneseindrücke, denen man beim Fußgehen schlecht gerecht werden kann. Damit wir dem Hund ge-genüber fair bleiben, sollten wir „Fuß" nie zu lange verlangen – am liebsten laufen Hunde frei oder an loser Leine. Deshalb steht zu Beginn, noch vor jedem Fuß-Training: Lernen, wie man an lockerer Leine läuft (siehe S. 113).

Schritt 1 – Nebenbei üben

Gewöhnen Sie Ihren Hund an das Wort „Fuß", sobald er an lockerer Leine laufen kann. Starten Sie am Anfang „nebenbei", das heißt, sobald er – die ersten Male zufällig – auf Kniehöhe neben uns läuft, betonen wir „Fuß", setzen ihn bald ab und loben ruhig. Danach geben wir ihn mit „Lauf" frei. Verkaufen Sie ihm „Fuß" als etwas Tolles, indem Sie das Signalwort mit Lobwörtern verknüpfen, also „Super Fuß", „Fein Fuß" – und schnell auf-lösen. So speichert er das neue Wort und die Übung positiv ab.

Schritt 2 – Anfang geben

Jetzt beginnen wir, der Übung auch einen Anfang zu geben: Setzen Sie den Welpen ab, leinen Sie ihn an, gehen los, klopfen an Ihr Bein und sagen das ihm schon vertraute Wort „Fuuuß". Dabei animieren wir ihn, neben uns zu bleiben, indem wir ihn permanent ansprechen und loben („Fuuuß", „Prima"). Sobald er auf diese Weise auch nur drei Schritte neben uns gelau-fen ist, freuen wir uns riesig über ihn, setzen ihn ab, loben und beenden die Übung. Der Welpe wird natürlich die ersten Male überhaupt nicht verstehen, was er eigentlich richtig gemacht hat. Aber er verbindet etwas Positives mit dem Wörtchen „Fuß" – und damit ist schon viel gewonnen.

Schritt 3 – Verlängern

Diese sehr kurze Übung wiederholen wir von nun an zwei- bis dreimal am Tag. Dabei brechen wir ab und loben ihn immer, sobald er nur kurz neben uns geblieben ist. Hat der Welpe verstanden, was wir von ihm wollen, können wir langsam die Fußstrecken verlängern, bis er ein paar Meter freudig neben uns, auf Höhe unseres Knies, herläuft.

Schritt 4 – Lebendig üben

Wenn der Hund verstanden hat, was „Fuß" bedeutet, können wir die Übung lebendiger gestalten. Jetzt suchen wir uns kleine Hindernisse,

2

1. Ein klarer Anfang schenkt Orientierung und bringt Ruhe ins Training.

2. Gehen Sie mit einem Welpen nur wenige Schritte, dann beenden Sie die Übung mit Ihrem Auflösungswort.

die wir zusammen umlaufen bzw. die übersprungen werden müssen. Wir laufen verschiedene Tempi, werden mal sehr langsam, dann wieder schneller, rennen und schleichen plötzlich wieder dahin. All das kombinieren wir mit Lobwort und „Fuß" und versuchen durch unsere Stimme Spannung zu übertragen. Durch diese Übungsvariationen fördern wir die Konzentration und das Trainieren macht uns beiden viel mehr Spaß als stures Geradeauslaufen.

Auch gut: Wir setzen oder legen den Hund aus dem Gehen oder Laufen ab und lassen ihn dort, während wir uns weiter wegbewegen. Danach darf er auf unseren Ruf wieder aufholen und mit uns weiterlaufen. Auf diese Weise verbinden wir die einzelnen Übungen (Sitz, Bleib, Komm, Fuß) und festigen sie ganz nebenbei.

Das Absetzen vor und nach der Fußübung ist wichtig, weil die Lektion so einen klaren Anfang und ein deutliches Ende bekommt. Hunde, die auf diese Weise trainiert wurden, laufen entspannter neben uns her: Sie dürfen nicht einfach wegrennen, sondern müssen sich vorher noch einmal absetzen. Ergebnis: Sie können sich so viel besser auf uns konzentrieren.

AUFLÖSUNG

Allen Übungen einen Anfang und ein Ende geben! Hunde lernen rasend schnell, wenn wir es ihnen leicht machen. Zum Beispiel durch klare Ansagen. Ist die Phase der Konzentration zu Ende, signalisieren wir das durch ein Wort zum Innehalten („Warte"/ „Sitz"/„Bleib") – und erst nach dem Auflösungswort („Okay"/„Lauf") wird „fröhlich freigegeben".

ALLEIN ZUHAUSE

Manchmal müssen Hunde ohne uns auskommen – ob allein Zuhause oder beim Warten vorm Bäcker. Das finden alle Hunde doof, aber alle können es lernen.

Übung im Haus

Ein Hund kann ungefähr mit drei Monaten ins Training starten – indem wir es ihm als lustige Übung verkaufen. Dazu legen wir ihn ab, sagen „Bleib" (siehe S. 118 f.) und schließen ganz kurz die Tür hinter uns. Bevor der kleine Kerl zu jaulen beginnt, treten wir auch schon wieder ins Zimmer (Tür schließen, Tür sofort wieder öffnen) und freuen uns gigantisch, als hätte er schon alles richtig gemacht. Dieses lustige Spiel können wir mehrmals täglich in unseren Tagesablauf integrieren, dabei die Dauer des „Alleine-im-Zimmer-Lassens" langsam verlängern und die Rückkehr parallel immer weniger aufregend gestalten, sodass das Weggehen und Wiederkommen langsam, über Wochen hinweg, zur normalsten Sache der Welt wird. Irgendwann kann der Hund dann eine Viertelstunde alleine bleiben, ohne dass ihn das großartig beunruhigen würde. Sobald er kratzt oder jault, klopfen wir gegen die Tür, sagen mit deutlich missbilligendem Unterton „Nein" und warten kurz. Ganz wichtig: Am Anfang reichen nur die darauf folgenden fünf Schrecksekunden des Welpen, in denen er ruhig geblieben ist. Dann öffnen wir sofort die Tür, loben den tapferen Kerl mit ruhigen Worten für sein gutes Benehmen und beenden die Übung.

Üben Sie das Alleinebleiben am besten dann, wenn Ihr Vierbeiner sich vorher im Park oder beim Spiel ausgetobt hat und müde ist.

Übung außer Haus

Klappt die Übung im Haus, verlagern wir sie an einen anderen Ort: die Haustür. Wir sagen wie gewohnt „du bleibst" und schließen die Tür hinter uns. Warten Sie einen Moment ab und lauschen Sie nach innen. Sobald der Hund versucht, durch Winseln Ihre Aufmerksamkeit zu erregen, reagieren Sie mit einem strengen „Nein". Sobald er auch nur kurze Zeit still geblieben ist, öffnen Sie sofort die Tür und freuen sich ruhig über diesen braven Hund.

Abwesenheit ausdehnen

Nach und nach verlängern wir unsere Abwesenheit, gehen ein Stockwerk im Treppenhaus hinunter, irgendwann hinaus und ein kurzes Stück spazieren und kommen wieder zurück. Steigern Sie die Dauer Ihrer Ausflüge langsam. Versuchen Sie, immer leicht unter seinen Möglichkeiten zu bleiben, damit er nicht anfängt mit Bellen. Gelingt das nicht und Sie hören den Hund bellen, kommen Sie sofort zurück und korrigieren ihn mit einem „Ruhig" oder „Nein" und nehmen sich vor, das nächste Mal nicht so weit oder lange wegzugehen. Beenden Sie die Übung immer so, dass der Hund kurz still ist und loben ihn dann mit ruhigen Worten, als wäre sein Warten die normalste Sache der Welt.

WISSENSCHAFT, DIE WISSEN SCHAFFT

Die schwedische Tierärztin Theresa Rehm hat untersucht, was passiert, wenn wir Hunde bei der Heimkehr ignorieren. Das erschütternde Ergebnis: Die unbegrüßten Hunde hatten im Vergleich mit verbal und körperlich begrüßten Hunden über lange Zeit einen erhöhten Pegel an Stresshormonen im Blut. Sich übereinander freuen ist Menschen und Hunden gemein, es ist ein Zeremoniell, das Individuen verbindet und die Gruppe stärkt. Es dem Hund zu verweigern, fühlt sich nicht nur falsch an, es kann sogar bindungsschädigend sein. Das „Wie" ist wichtig: ruhig und fröhlich, nicht überdreht und hysterisch.

1

2

3

Spielerisch üben im Wald

Ein Hund, der nicht zu früh allein gelassen wurde und später das richtige Bleibtraining erfahren hat, wird kein Problem damit haben, dass wir aus seinem Sichtfeld verschwinden. Er hat gelernt, dass wir immer wiederkommen. Auch hier kann man spielerisch im Alltag nebenbei „üben", sobald der Hund „Sitz und Bleib" beherrscht (siehe S. 118): indem wir das Versteckspiel spielen.

1. Dazu setzen wir den Hund auf dem Waldweg ab, sagen „Bleib" und verstecken uns hinter einem Baum.
2. Hinter dem Baum zählen wir – anfangs nur bis zwei, später immer länger und tauchen wieder auf.

3. Wir gehen zurück auf den Weg und rufen nach einer kurzen, spannenden Pause den Hund enthusiastisch zu uns, freuen uns und laufen ein Stück gemeinsam.
4. Klappt das super, können wir das Verstecken variieren, indem wir die Versteckorte wechseln oder weitergehen, bevor wir ihn zu uns rufen.

Positive Nebeneffekte: Wir sind sehr spannend, der Hund lernt, sich immer länger zu kontrollieren (Impulskontrolle) und konzentrieren. Er kann es immer besser aushalten, dass wir aus seinem Blickfeld verschwinden. Wichtig: Immer mit einem Erfolgserlebnis aufhören und parallel zum Alleinbleiben im Haus mit denselben Wörtern üben.

1. – 3.
Versteckspiel mit tollen Nebenwirkungen: Konzentrationsdauer und -fähigkeit, Impulskontrolle und Alleinsein werden trainiert, ganz nebenbei die Bindung vertieft, weil wir spannend sind und Lernen mit uns Spaß macht.

ZEIT DER

PUBERTIERE

Wenn Hunde erwachsen werden

Über Nacht werden aus süßen Welpen plötzlich schlaksige Halbstarke, die sich an keine Regeln erinnern, sich abwechselnd ängstlich oder größenwahnsinnig verhalten und nichts toller als andere Hunde finden.

Aber die Pubertät ist nicht nur schwierig, sondern steckt auch voller Gelegenheiten, in denen wir zum großartigen Team zusammenwachsen können. Also, auf ins Abenteuer Erwachsenwerden!

WAS PASSIERT IM KÖRPER?

Bislang verlief die Erziehung kinderleicht, doch plötzlich scheint nichts mehr zu klappen? Geben Sie nicht auf: Diese Krise steckt voller Chancen, den Hund bei der Entwicklung zu einer starken Persönlichkeit und festen Bindung an uns zu unterstützen. Der Beginn der Übergangsphase lässt sich nur schwer bestimmen: Es gibt frühreife Exemplare unter den Hunden genauso wie den klassischen „Spätzünder". Auch die Schwere des Verlaufs ist höchst unterschiedlich. Manche Halbstarke treiben ihre Besitzer an den Rand des Wahnsinns, für andere ist es schon enorm „frech", wenn sie einmal auf eigene Faust den Nachbarshund besuchen gehen. Schuld an plötzlicher Unsicherheit, Streitereien auf der Hundewiese oder auftretender Taubheit haben Hormone: Unsere Kleinen werden langsam geschlechtsreif. Hündinnen werden je nach Größe zwischen fünf und 12 Monaten läufig (je größer, desto später), Rüden dieser Rassen fangen meist zur selben Zeit an, ihr Bein zu heben.

Lebensphase Pubertät

Ganz am Anfang ist es ein Gen, das der Hirnanhangdrüse das Startsignal erteilt, ein Hormon zu produzieren. Dieses „gonadotropin releasing hormon" (gnrh) aktiviert wiederum die Produktion der Geschlechtshormone Testosteron und Östrogen in den Geschlechtsorganen. Sie kreisen in der Blutbahn und sorgen für viele körperliche und psychische Veränderungen. Die Schilddrüse startet unter anderem das Wachstumshormon oder verändert die Muskelsteuerungssysteme, die dann z. B. für den klassischen, schlaksigen Gang des Halbstarken sorgen. Im Gehirn befindet sich die größte Baustelle: Hier findet eine Umverteilung der Zuständigkeiten statt. Gleichzeitig wird durch eine Reduktion der Synapsen und Vergrößerung der Zellen die Leistungsfähigkeit der „Datenautobahn" erhöht. Dadurch wird eine schnellere und effektivere Verarbeitung von Informationen möglich.

Umbauprozesse im Gehirn

Im Zentralen Nervensystem werden Zuständigkeiten neu verteilt: Bislang hatte das limbische System, ein Kontrollzentrum der Emotionen, die Oberhand. Langsam übergibt dieser Bereich das Zepter an den präfrontalen Kortex weiter. Hier liegt das

Zentrum der sozialen Intelligenz, das Problemlöseverhalten und rationale Entscheidungen möglich macht. Doch warum kommt es zu der klassischen Berg- und Talfahrt der Gefühle, zu merkwürdigen Aktionen, die unsere Hunde in wahnwitzige Situationen manövrieren, und plötzlichen Ängsten? Die Geschlechtsorgane produzieren nicht nur Testosteron und Östrogen, sondern aktivieren auch die Dopamin-, Serotonin- und Cortisolherstellung im Gehirn und in der Nebennierenrinde. Dieser Hormoncocktail kreist von nun an im Blut, doch die Zusammenstellung ist noch ziemlich unausgewogen. Das empfindliche Gleichgewicht dieser Zutaten muss erst noch hergestellt werden – das geschieht durch Wachstum und Umwelterfahrungen. Die Zeit der sozialen Reife ist chancenreich, aber gleichzeitig auch krisenanfällig, wenn wir den Hund jetzt aufgeben. Unerwünschte Verhaltensweisen wie Jagen oder (Angst)-Aggression können sich genauso schnell verfestigen wie guter Gehorsam und Liebenswürdigkeit. Für uns Hundehalter ist diese Zeit also eine Herausforderung: Halten Sie durch, bleiben Sie Ihren Prinzipien und diesem zurzeit etwas gefühlsverwirrten Hund treu (siehe Tabelle „Pubertät mit und ohne Begleitung, S. 132). Ihr Lohn wird ein großartiger Gefährte an Ihrer Seite sein, für den Rest seines Hundelebens.

KASTRATION — JA ODER NEIN?

In der Pubertät stellen sich viele Hundehalter die Frage, ob der Hund kastriert werden soll. Immer noch raten viele Tierärzte pauschal zur Kastration oder zum Chip, meist noch bevor die Hunde erwachsen sind. Mit welcher Wirkung?

Beeinflusst die Kastration…

… die Hypersexualität bei Rüden?

Ja. Manche Rüden leiden unter einer Dauererektion, jaulen Nächte durch und verweigern die Nahrungsaufnahme. Lebt der Rüde in einer Gegend mit vielen Hündinnen, kann dieser Dauerliebeskummer sehr stressen und dadurch krankmachen. Bei diesen Kandidaten kann eine Kastration helfen. Die Mehrheit der Hundeherren kommt aber mit ein bisschen Sehnsucht und Abstinenz sehr gut zurecht.

… das Markieren?

Nein. Markierverhalten wird bereits beim Embryo durch einen Testosteronschub angelegt. Deshalb zeigen sogar frühkastrierte Rüden dieses Verhalten ab ungefähr dem siebten Lebensmonat.

… das Jagdverhalten?

Nein. Jagdverhalten wird durch Erfolgserlebnisse beflügelt, wirkt irgendwann selbstbelohnend und kann sogar nach einer Kastration als Ersatzbefriedigung vermehrt gezeigt werden.

… das Dominanzverhalten?

Nein. Dominanz ist keine Eigenschaft, sondern ein Beziehungssymptom. Ein dominanter Hund erreicht seine Führungsrolle im Rudel nicht durch aggressives, sondern durch souveränes, ruhiges und orientierungsstarkes Auftreten. Diese Hunde sorgen sehr selten für Ärger auf Hundewiesen. Wer seinen Hund im Zusammenleben als dominant empfindet, sollte nicht kastrieren, sondern an der Beziehung arbeiten.

… die Futteraggression?

Nein. Aggressiv am Futter ist ein Hund, der nicht gelernt hat, dass Menschen das Recht haben, sich in der Nähe des Napfes aufzuhalten (Training siehe S. 54). Unter Stress reagieren sie aggressiv – sie wollen ihr Futter verteidigen, was ein normales Verhalten eines nicht gut sozialisierten Hundes ist.

… die Statusaggression?

Ein bisschen. Ein Rüde ohne Testosteron hat nicht mehr so viel Interesse, sich auf der Wiese ständig behaupten zu müssen. Aber viel wichtiger ist in diesem Zusammenhang der Botenstoff Testosteron: Er wird im Erfolgserlebnis ausgeschüttet, z. B. wenn er ein anderes Tier erfolgreich „fertig machen" konnte. Gewinnen fühlt sich eben gut an, deshalb ist es verständlich, dass auch ein kastrierter Rüde diesen Kick bald wieder erleben möchte – und trotz Kastration sein Verhalten weiter zeigen wird.

Die Pubertät ist absolut richtungsweisend im Leben des jungen Hundes. Was wir ihn nun an Erfahrungen machen lassen, was er jetzt lernt und welche Orientierung wir ihm bieten, führt zu starken Vernetzungen in der Datenautobahn des Gehirns und der Hormonzusammensetzungen im Blut.

Eine Kastration ist in den seltensten Fällen sinnvoll und sollte, wenn überhaupt, erst beim erwachsenen Hund erfolgen.

... das Streunen?

Ein bisschen. Aber der klassische Streuner ist schon von Geburt an so gepolt, da der entsprechende Testosteron-schub während der Embryonalphase stattfindet. Hier kann eine Kastration nicht zaubern, aber eventuell ein bisschen Besserung bringen.

... Ängstlichkeit oder Unsicherheit?

Nein. Im Gegenteil: Eine Kastration kann Unsicherheit sogar massiv verschärfen. Der Grund: Durch die Entnahme der Geschlechtsorgane fällt beim Rüden der Hauptproduk-tionsort für Testosteron weg. Das männliche Hormon ist aber der Gegenspieler vom Stresshormon Cortisol, sorgt

Neben dem sozialen Lernen sollten Hunde in der Pubertät ein Ausbildungsangebot bekommen, das ihnen Erfolgserlebnisse und Zuneigung schenkt.

PUBERTÄT MIT UND OHNE BEGLEITUNG

DER „GANGSTER" (DER MENSCH HÄLT SICH HERAUS)	DER „GEBILDETE" (DER MENSCH BRINGT SICH EIN)
Freier Handlungsspielraum überfordert den jungen Hund.	Ein klar definierter Handlungsfreiraum bietet dem Hund Orientierung und Sicherheit.
Er bringt sich selber Strategien bei, Situationen zu regeln.	Der Hund bekommt die Möglichkeit, eigene Erfahrungen machen zu dürfen.
Die erfolgreichen Strategien werden wiederholt und zu Handlungsmustern.	Strategien, die andere beschädigen könnten, werden verboten, Alternativen ermuntert.
Die Handlungsmuster fühlen sich gut an und werden immer häufiger gezeigt.	Der Hund bekommt ein stetig steigendes Ausbildungsangebot.
Der Mensch spielt draußen eine Randrolle.	Der Mensch ist draußen Anker und spannend.

Behaupten wir uns in der wilden Zeit der Pubertät als zuverlässige, liebevolle und humorvolle Führungspersönlichkeiten, bleiben Hunde danach ein Leben lang aus voller Überzeugung in unserer Nähe! Die bessere Alternative und der Lohn für sehr viel Mühe mit dem Pubertier. Also: Augen zu und durch!

also für Selbstbewusstsein. Fällt Testosteron weg, dann schrauben sich Angstzustände häufig wie in einer Spirale nach oben, dass Stressregulationssystem gerät bei den Angsthasen total aus den Fugen. Bei einer Hündin muss man unterscheiden: Hat sie nur innerhalb des Zyklusgeschehens Stress, dann könnte eine Kastration ihr helfen. Ist sie jedoch ein ganzjährig und unabhängig vom Zyklusstand unsicherer Hund, dann gilt dasselbe wie beim Rüden, denn auch in ihren Geschlechtsorganen wird Testosteron produziert.

Gesetzeslage

Eine Kastration wird von Experten aus ethischen und verhaltensbiologischen Gründen heute kritisch betrachtet. In Deutschland verbietet der § 6 des Tierschutzgesetzes das vollständige oder teilweise Amputieren von Körperteilen ohne medizinische Indikation. So ist eine Kastration aus Bequemlichkeit oder dem Stress bei Spaziergängen während der Läufigkeit der Hündin verboten.
Die Hormonproduktion während der Pubertät hat großen Einfluss auf die Entwicklung des Hundes. Greift der Mensch in diese sensible Zeit der Neuorientierung durch eine Entfernung der Geschlechtsorgane und damit der Sexualhormone ein, dann führt das zwangsläufig zu einer anderen Entwicklung des Gehirns.

Lassen Sie Ihren Hund erwachsen werden!

Die Kastration sollten Sie sich erst mit drei oder vier Jahren überlegen, wenn Ihr Hund erwachsen ist. Die absolute Mehrheit der Rüden und Hündinnen sind bei einer guten Bindung und Erziehung fantastische und zuverlässige Gefährten, meist gerade wegen der Geschlechtsorgane. Eine Kastration sollte immer eine Ausnahme bleiben und nur durchgeführt werden, wenn sie dem Hund wirklich hilft und nicht aus Bequemlichkeit.

WAS PASSIERT NACH DER PUBERTÄT?

Unter Wölfen verlassen die Jungtiere je nach Persönlichkeit und Beziehung zu den Eltern das Rudel unterschiedlich bald nach dem Erwachsenwerden und begeben sich auf die Suche nach einem Partner und einem eigenen Territorium. Hunde wandern nicht ab. Aber auch sie lösen sich in dieser Phase, finden den Rest der Welt interessanter, testen uns aus und bringen uns damit an unsere Grenzen. Das Leben mit einem Pubertier lässt sich also nur mit viel Humor und Weitsicht ertragen: Die Phase wird vorbeigehen! Leider reagieren manche Menschen auf das Flegelverhalten regelrecht beleidigt und reduzieren ihr Interesse am Hund. Das ist für den Jungspund ein fatales Signal. Wenn Wolfs- oder Hundeeltern ihren sozialen Rückhalt verringern, legen sie dem Nachwuchs damit sozusagen den Auszug nahe. Die Abwendung vom Pubertier führt also häufig dazu, dass die Bindung stark leidet, das Zusammenleben von Mensch und Hund wird zu einem „Nebeneinanderherleben", in dem jeder hauptsächlich seine eigenen Interessen verwirklicht.

Erfolgserlebnisse machen stark, schlau und verbinden!

Gerade in „wilden Zeiten" hilft es Hunden, wenn sie nicht nur „ständig einen auf den Deckel kriegen", sondern durch „gute" Erfolgserlebnisse zeigen können, wie schlau und toll sie sind. Zusammen Herausforderungen zu meistern, liefert dann nicht nur einen schönen Spaß- und Glückskick durch die Ausschüttung der Botenstoffe Dopamin und Oxytocin, sondern sorgt auch dafür, dass Hunde gern Neues lernen und uns spannend und damit sehr attraktiv finden. Attraktivität ist ein wichtiges Bindungskriterium, gerade in der Pubertät, in der wir starke Konkurrenz durch die Verführungen der Umwelt bekommen. Durch Erfolgsmomente bieten wir dem Hund eine Alternative zu Kicks wie Pöbeln.

VIER WICHTIGE REGELN BEI HALBSTARKEN

1 KONSEQUENT BLEIBEN

Aufmüpfige Jungspunde sind sehr mit sich selbst beschäftigt. Deshalb brauchen sie einen festen Rahmen, der sie immer wieder daran erinnert, wo es langgeht. Das ist kein Freiheitsentzug, sondern dient dazu, dem Hund Sicherheit zu geben in diesen aufregenden Zeiten. Wenn sie vorüber sind, wird sich Ihre Standhaftigkeit auszahlen. Denn was der Junghund trotz Hormonschub verinnerlicht hat, wird er als erwachsener Hund nicht mehr hinterfragen. Und er hat gelernt, dass er sich auch in Krisenzeiten auf Sie verlassen kann.

2 ALLES IMMER WIEDER WIEDERHOLEN

Das Wichtigste in dieser wilden Zeit: Konzentrieren Sie sich darauf, das bereits Gelernte konsequent zu wiederholen. Das gilt besonders für Phasen, in denen der Jungspund starke Konzentrationsschwierigkeiten hat. Verzichten Sie dann besser auf neue Trainingsideen und bleiben Sie bei vertrauten Dingen. Damit zeigen wir dem jungen Kerl, dass er trotz großer körperlicher Veränderungen noch etwas leisten kann und wir ihn immer noch lieben. Das wird ihm Selbstsicherheit geben, und gleichzeitig regen wir ihn dazu an, weiterhin sein Gehirn zu benutzen.

3 NEUEN LERNSTOFF BIETEN

Die Phasen der Überforderung und Unsicherheit wechseln sich häufig ab mit Phasen der Unterforderung. Jetzt sollten wir umschwenken und das frei gewordene Potenzial in den Gehirnwindungen für neuen Input nutzen. Das Motto muss lauten: Bloß keine Langeweile aufkommen lassen. Denn aus Langeweile entstehen bei Pubertierenden meist keine guten Ideen. Dabei kommt uns zugute, dass unser Hund das GrundABC des guten Umgangs gelernt hat. Darauf können wir jetzt mit vielen anderen Übungen aufbauen, die unser Zusammenleben verschönern können (ab S. 144, 157).

4 SCHAFFEN SIE EINEN RADIUS

Ganz wichtig beim „Freigang" ohne Leine: Finden Sie den Radius, innerhalb dessen Ihr Hund gut auf Sie hört. Und überlegen Sie sich ein Signal, das ihm bedeutet, in diesem Bereich zu bleiben – z.B. „Halt" oder „Warte". So haben Sie die Kontrolle und können entscheiden, ob und wann er aus diesem Bereich heraus zu anderen Hunden rennen darf, und können sich ziemlich sicher sein, dass er auch kommt, wenn Sie ihn rufen. Oftmals fällt es Hundehalunken aber schwer, einem interessanten Reiz den Rücken zu kehren und zu Ihnen zu traben. Hier hilft das „Sitz aus der Bewegung" (siehe S. 145).

AUF DER LAUER

Viele Jungspunde legen sich gern auf die Lauer, um dann in
schnellem Galopp auf andere Hunde zuzupreschen.

Soziale Strategien — ganz hoch im Kurs!

Bei hormonübersteuerten Junghunden und -wölfen kann Spielen eine ganz neue Funktion bekommen. Es dient jetzt nicht mehr nur der Freude oder einem guten Gemeinschaftsgefühl, sondern wird auch gezielt als „soziale Strategie" genutzt.

ANSCHLEICHEN AN ARTGENOSSEN

Ganz oft entwickeln Hunde in der Zeit der Pubertät die Angewohnheit, sich beim Anblick anderer Hunde flach auf den Boden zu legen und „aufzulauern". Ursprünglich entsteht dieses Verhalten meist aus Unsicherheit. Das Pubertier legt sich hin, weil er sich klein machen möchte oder keine andere Idee hat. In diesem Moment kann er aber eine unerwartete Reaktion beim Gegenüber bemerken: Es reagiert ebenfalls verunsichert, wird langsamer, läuft vielleicht einen Bogen oder bleibt auch stehen. Was für ein Erfolgserlebnis! Das Verhalten erweist sich so als vorteilhaft, weil man plötzlich „am längeren Hebel" sitzt: Man kann die Situation steuern. Besonders bei Hütern wird diese neue Strategie immer häufiger, schneller und energiereicher gezeigt. Manche schmeißen sich irgendwann flach auf den Boden und preschen plötzlich los – nach diesem forschen Auftritt sind dann meistens alle anderen Hunde und ihre Besitzer zutiefst beeindruckt und verunsichert. Damit sich das Verhalten nicht noch verschlimmert, würde ich früh eingreifen und es verhindern: mit Abbruchwort in Kombination mit körperlichem „Gegen-den-Hund-Laufen" in dem Moment, in dem das Verhalten in ersten Ansätzen gezeigt wird. So bringt man sein Pubertier aus dem Gleichgewicht und dadurch um den beeindruckenden Auftritt. Gleichzeitig müssen diese Hunde lernen, sich Artgenossen in ruhigem Tempo zu nähern und erst hinzulaufen, wenn wir sie freigeben. Hier gilt: Wehret den Anfängen – dann kommt das „Anschleichen" schnell wieder auf den wachsenden Misthaufen verworfener „Pubertier-Strategien".

SPIEL ALS STRATEGIE

Halbstarke spielen häufig nicht nur zum Spaß, sondern um Ärger zu vermeiden oder die eigene Position auszutesten.
Fühlt sich ein junger Hund bedroht, versucht er nicht nur seinen Angreifer mit Demutsgesten (Auf-den-Rücken-Legen, Schwanzeinklemmen, Pfoteheben, Maullecken) zu beschwichtigen. Sein neuestes Mittel, um Konflikte zu entschärfen (und damit oft auch seiner Unterwerfung zu umgehen): Er zeigt alle Formen der Spielaufforderung (Vorderkörpertiefstellung, schnell wegrennen, plötzlich wieder umdrehen, vor dem Kontrahenten hin und her springen), meist mit Erfolg. Der „Angreifer" lässt sich „überreden" – und spielt mit, statt zu streiten. So konnte der unterlegene Jungspund sein Gesicht wahren und der Angreifer hat vergessen, worum es ihm eigentlich ging.

1

RANG- UND ROLLENSPIELE

Aus Spiel wird ganz plötzlich Ernst – aber genauso schnell wieder Spaß. Das Spiel dient jetzt also als „Tarnung" für höhere Zwecke: Wer ist besonders mutig, wer gibt schnell auf und fügt sich in seine unterlegene Rolle? Ganz nebenbei bekommt so nach und nach jeder seinen Platz in der Gruppe zugeteilt.

MOBBING

Auflauern, Anschleichen, Achtung Überfall! All diese Elemente des Jagdverhaltens werden gezeigt, wenn Hunde sich spielerisch jagen. Jetzt wird im Zuge des Jagdverhaltens aber immer mal wieder zur Hatz auf einen „Schwachen" geblasen. Wichtiges Kennzeichen dieses „Mobbings": Der Gejagte zeigt deutliche Zeichen der Unsicherheit (eingeklemmter Schwanz, runder Rücken), die Jäger steigern sich kläffend in ihr „Spiel" hinein. Ein Verfolger tut sich dabei meist als der „Beuteerleger" hervor und setzt alles daran, sein „Opfer" auf dem Rücken liegen zu sehen, die „Meute" macht begeistert mit. Hier sollten Sie eingreifen, um zu viele „positive" (andere zu unterwerfen, fühlt sich gut an – der Hund will diesen „Kick" immer öfter erleben) und „negative" (durch andere immer nur gejagt und verprügelt zu werden, macht keinen Spaß, der Hund wehrt sich bald durch Angstbeißen) Erfahrungen in dieser Lebensphase zu verhindern. Diese Erlebnisse können jetzt nämlich sehr schnell dazu führen, dass Verhaltensmuster für alle Zeiten tief im Gehirn eingeprägt werden (S. 133). Ergebnis dieses Lernprozesses sind dann die klassischen Krawallbürsten oder Angstbeißer.

Unterbrechung des Mobbings im Spiel

Das zu verhindern, ist sehr leicht: Es reicht schon eine kurze Unterbrechung durch „Sprengung" der Situation, wie es auch erwachsene Hunde tun würden. Dazu marschieren Sie selbstbewusst in die aufgeregte Gruppe, scheuchen alle auseinander und behalten dabei besonders den „Rädelsführer" im Visier. So werden die Karten neu gemischt.

Gewinner und Opfer

Bekommen pubertierende Hunde in dieser aufregenden Zeit keine Orientierung durch ihre Halter oder andere erwachsene Hunde geboten, wie man sich gegenüber anderen benimmt, werden sich Hunde selbst Strategien überlegen. Diese Strategien sind meist

mit positiven Gefühlen verknüpft – was ein Erfolgserlebnis wird, sollten wir also unbedingt versuchen, zu steuern!

Wirken wir nicht gegen und der Hund hat ständig „Gewinner-Erlebnisse", kommt es dabei zum Ausstoß von Testosteron. Je mehr Testosteron sich in der Blutbahn befindet, desto weniger Serotonin gibt es. Serotonin aber ist der „Buddha-Botenstoff", der uns ausgeglichen macht und für eine erfolgreiche Impulskontrolle sorgt. Hier haben wir also den klassischen Teufelskreis: Der Hund explodiert immer schneller, weil er sich immer weniger selber regulieren kann. Wer nicht möchte, dass in Zukunft alle Hundebesitzer bei unserem Anblick fluchtartig die Hundewiese verlassen und unser Hund ein sehr kontaktarmes Leben führen wird, sollte in diese Entwicklung also unbedingt frühzeitig eingreifen.

JAGEN	Hetzen, Rennen = Dopamin	Suchverhalten im Wald und auf dem Feld
BELLEN	Etwas bewirken = Dopamin	Alarm am Zaun, bis hin zu Stereotypen
PÖBELN	Gewinnen = Dopamin und Testosteron	Raufen, bis hin zu eskalierender Aggression

Das Gegenstück zum Raufer ist das Opfer, das immerzu fertiggemacht wird und von seinem Menschen keinen Schutz erfährt. Diese Hunde müssen sich irgendwann selbst helfen und gehen sehr plötzlich sehr massiv nach vorne nach dem Motto: „Angriff ist die beste Verteidigung." Zum ersten Mal in ihrem Leben bewirken sie plötzlich etwas und das führt dazu, dass diese Strategie unter Garantie beim nächsten Kontakt zu rüpeligen Artgenossen noch einmal gezeigt wird. Die Strategie fühlt sich dann sogar irgendwann gut an, denn sie ist mit einem Erfolgsmoment gekoppelt. So entwickelt sich aus einem klassischen Angsthund sehr häufig der angstaggressive Hund, der dann irgendwann aus Mangel an Alternativen zum „Hobby-Aggro" wird.

Hunde-Halbstarke mit Menschen

Auch wir sollten die neue Strategie unserer heranwachsenden Hunde im Hinterkopf haben: Manche Jungspunde neigen dazu, besonders mit kleinen Menschen Rangordnungstests durchführen zu wollen, speziell wenn Kind und Junghund zusammen spielen. Bleiben Sie dabei und greifen Sie ein, z. B.

wenn das Spiel aus den Fugen gerät. Sobald Sie merken, dass es beim gemeinsamen Spiel plötzlich um mehr geht (der Hund steigert sich in das Spiel hinein, wirkt überdreht und unkontrolliert), reagieren Sie sofort mit Spielabbruch. Das heißt, Sie sagen „Aus", bis der Hund das Spielzeug freigibt, loben den wilden Kerl ruhig dafür – und spielen ruhig noch eine Runde zusammen mit Hund und Kind. So bringen Sie die Spieleinheit unter Kontrolle und positiv für beide Seiten zum Abschluss.

Niemals Hinterherlaufen

Ganz wichtig: Laufen Sie niemals Ihrem Hunderocker hinterher, wenn er nicht kommen will. Sie wissen ja, Hunde haben vier, wir nur zwei Beine. Versuchen Sie unbedingt zu vermeiden, dass er das bemerkt. Es sieht auch wenig souverän aus, wenn wir vornübergebeugt und rufend dem Hund hinterherstolpern. Viel besser: Sie bleiben in aufrechter Körperhaltung, beachten ihn nicht weiter und trainieren mit ihm das konsequente Abrufen, sodass er akzeptiert, dass Kommen trotz Hormonschub gilt (siehe S. 141).

Im Spiel testen Junghunde auch gern ihre Menschen – bevorzugt Kinder – aus. Wie immer gilt: unbedingt als Erwachsener dabei bleiben.

Erziehung eines Pubertiers

Pubertiere lernen schnell, wenn etwas Spaß bringt. Das sollten wir unbedingt ausnutzen und sie mit viel Freude und der angemessenen Konsequenz für die „richtigen" Dinge begeistern.

HERKOMMEN — ÜBUNG FÜR JUNGHUNDE

Bislang haben wir unseren Welpen gerufen, wenn wir sicher waren, dass er auch kommt (siehe S. 108). Jetzt kehren wir diese Regel in kleinen Schritten in ihr Gegenteil um.

Rufen unter Ablenkung

Sobald das Kommen in ablenkungsarmen Situationen sicher klappt, fangen wir an, das „Komm" unter Ablenkung zu üben. Wir rufen unseren Jungspund deshalb ganz absichtlich dann, wenn wir meinen, dass er ungern kommen wird. Mit dieser zweiten Stufe verfestigen wir die Übung und verdeutlichen dem Hund, wie ernst uns das mit dem Kommen ist. Ein Hund muss immer kommen, wenn er gerufen wird. Ganz egal, wie aufregend das Leben gerade ist. Weil Herkommen in diesen wilden Zeiten genauso schwierig wie überlebenswichtig ist, sollten Sie die Übung oft wiederholen. Provozieren Sie am besten absichtlich Situationen, in denen es Ihrem halbstarken Hund schwerfallen könnte, zu kommen. Ignoriert er Sie, haben Sie sich gut vorbereitet und können schnell und richtig reagieren.

DAS SCHLEPPLEINENTRAINING

Wenn der Flegel nicht kommen will, dann resignieren wir nicht, sondern arbeiten mit Geschirr und einer langen Schleppleine. Für ein sicheres Schleppleinentraining empfiehlt sich eine Leine, die verletzungsfrei in der Hand liegt und sehr stabil sein sollte – bewährt haben sich z. B. Biothaneleinen. Lassen Sie Ihren Regelbrecher eine Zeitlang spielen und rufen Sie ihn. Jetzt gibt es verschiedene Möglichkeiten, was passieren wird und was Sie dann tun sollten.

Er kommt!

Freuen Sie sich, streicheln Sie ihn kurz und schicken ihn sofort zurück ins Spiel. Lassen Sie ihn in Ruhe zu Ende spielen.

Er guckt nur kurz,

lässt sich aber von seinen Spielkameraden ablenken und tut dann so, als hätte er vergessen, dass Sie ihn gerade gerufen haben. Jetzt treten Sie auf die Leine und rufen erneut. Kommt er, dann freuen Sie sich, loben ihn ruhig – und schicken ihn zurück ins Spiel. Üben Sie das Kommen heute irgendwann wieder, damit es schneller klappt.

Er kommt nicht!

Auch nicht nach dem zweiten Rufen? Ziehen Sie die Leine sofort ein Stück zu sich her, lassen gleich wieder locker und geben ihm, „knurrend" („Komm") in der Hocke sitzend, eine letzte Chance. Entscheidet er sich jetzt für das Kommen, dann loben Sie ihn anerkennend und kurz und schicken ihn mit dem Freigabewort „Lauf"/„Go" zurück in die tolle Situation. Der Hund erinnert sich aus Welpenzeiten: Beim Komm sind Sie sehr spießig, aber es ist gar nicht so schlimm – er muss nur kurz Kontakt haben – und darf dann sofort zurück. Üben Sie das Ganze bald noch einmal.

Er ignoriert Sie weiterhin?

Jetzt fehlt Ihnen jeglicher Sinn für Humor: Gehen Sie weg und ziehen Sie den Unhold hinter sich her. Drehen Sie sich nach ein paar Schritten um – folgt er jetzt, ändern Sie sofort die Strategie. Gehen Sie ihm entgegen, fassen ihn kurz an und schicken ihn zurück ins Spiel. Versuchen Sie es kurz danach erneut, bis er es einmal richtig gemacht hat. Loben Sie ihn dann ausgiebig und brechen Sie die Übung sofort ab, indem Sie ihn endgültig ins schönste Spiel zurückschicken. Sie haben keine Schleppleine angelegt? Dann überlegen Sie genau, ob Sie den Jungspund rufen. Sobald Sie ihn nämlich gerufen haben, müssen Sie immer darauf bestehen, dass er auch zu Ihnen kommt.

Dazu können Sie

1. ein Stück auf den Hund zurennen und die Leine neben ihn werfen, um dann sofort umzudrehen, sobald er erschrocken guckt, und ihn beim zügigen Weggehen, rufen – kommt er jetzt, loben Sie ihn kurz und schicken ihn gleich wieder ins Spiel.
2. einfach weggehen und sich verstecken. Kommt er angerannt, sagen Sie in dem Moment „Komm" und schon haben Sie gewonnen.

Ihr pubertierender Hund muss immer kommen, wenn Sie ihn rufen. Wenn Sie jetzt konsequent bleiben, wird der Hund das Kommen bald in jeder noch so verführerischen Situation sicher ausführen – und das ist ganz in seinem Sinne, denn dadurch kann er leinenfrei laufen.

Nicht zu häufig rufen

Rufen wir den armen Kerl jedes Mal, sobald er im schönsten Spiel versunken ist, wird das nur die gute Entwicklung seines Sozialverhaltens stören und ihn schnell nerven. Aber hin und wieder müssen wir zu Übungszwecken den Hund aus aufregenden Moment wegrufen. Das tun wir nicht, weil wir ihm den Spaß nicht gönnen. Machen Sie sich klar: Diese Übung dient seiner Sicherheit. Drücken Sie also niemals ein Auge zu: Wenn Sie den Hund gerufen haben, dann muss er zu Ihnen kommen – also nicht nur zu Ihnen gucken oder ein paar Schritte in Ihre Richtung gehen, sondern bis zu Ihnen hinlaufen, wo er neben Ihnen kurz stehen bleiben soll. Jetzt streicheln Sie ihn, loben ihn mit ruhiger Stimme und schicken ihn sofort wieder ins Spiel zurück. So lernt er etwas sehr Wichtiges: „Ich soll nur kurz kommen, lass mich anfassen und darf dann gleich zurück." Hat er das einmal verstanden, wird es ihm nicht mehr ganz so schwerfallen, in interessanten Momenten zu kommen.

Besser kleine Fehler als nix machen!

Treten Menschen zögerlich auf, dann nehmen das gerissene Flegel sofort wahr und machen, was sie wollen. Sie hören unserer Stimme z. B. genau an, ob wir davon überzeugt sind, dass sie jetzt kommen werden oder ob wir selbst gar nicht daran glauben. Benimmt sich ein Hund daneben und Sie haben die Möglichkeit, einzugreifen, reagieren Sie deshalb schnell und ohne zu zögern: Warnen Sie mit dem Abbruchwort, notfalls werfen Sie die

1. Für Junghunde sind Hundekumpels das Größte.

2. Doch an der Schleppleine lernen sie, auch in solch schwierigen Situationen auf uns zu hören.

3. Wir freuen uns darüber riesig, übertragen unsere positive Stimmung auf den Hund und schicken ihn als Belohnung zu seinen Freunden.

1

2

3

Falls Sie zu massiv auftreten, dann merken Sie sich das fürs nächste Mal und passen Ihre Reaktion an. Denken Sie daran: Fehler machen Hunde selbst, sie haben deshalb eine hohe Fehlertoleranz im sozialen Zusammenleben entwickelt und werden hier nicht nachtragend sein, wenn Sie den Hund ansonsten im Alltag liebevoll, fair und seiner Persönlichkeit passend behandeln.

Zugehen auf ignorante Hunde

Auf den eigenen Hund energisch ein Stück zuzurennen, sieht zwar nicht schön aus, erzielt aber die Wirkung, dass er Sie plötzlich ernst nimmt und interessant findet. Hunde machen das untereinander häufig, um Situationen zu „sprengen" und damit neue Aktionen möglich zu machen.

Wichtig: Bleiben Sie sofort stehen, sobald er reagiert, und bieten Sie ihm die zweite Chance, es besser zu machen, indem Sie wieder weggehen, aber sein Kommen weiterhin einfordern. Durch die Bewegung weg vom Hund machen wir es dem Jungspund leichter, zu kommen. Auch hier gilt: nach kurzem Anfassen gleich wieder freigeben (Lauf/Go).

Belohnung fürs Kommen

Geben Sie Ihrem Hund nur hin und wieder eine Futterbelohnung fürs Kommen. Der Anreiz, zu kommen, sollte nicht ein Leckerli, sondern Ihr fester Wille sein und weil der Hund Sie ernst nimmt (siehe S. 62). Denken Sie an die Zukunft: Irgendwann wird es Situationen geben, die viel interessanter sind als eine Leberwursttube in Ihrer Hand. Wenn der Hund gelernt hat, dass Kommen nicht nur mit einer Leckerei belohnt wird, sondern zu den Grundgesetzen seines Lebens gehört, können Sie in solchen Momenten sicher sein, dass er auch kommen wird. Und alles konsequente Üben hat sich hundertfach bezahlt gemacht.

Leine neben ihn, oder rennen energisch ein Stück auf ihn zu. Danach geben Sie ihm sofort freundlich die Gelegenheit, alles besser zu machen. Zögern und Zaghaftigkeit interpretieren Hunde als Schwäche und die wird meist ausgenutzt. Deshalb ist es immer besser, irgendwie zu reagieren als gar nicht, wenn Pubertiere uns beim Rufen ignorieren.

KOMMUNIKATION AUF DISTANZ

Hunde lernen laut einer Studie neue Übungen am schnellsten, wenn wir dabei Sprache mit Körpersignalen kombinieren. Sie lieben Sichtzeichen, weil sie ihnen deutlich machen, was genau sie tun sollen. Dies liegt auch daran, dass das Hundeauge über eine viel höhere zeitliche Auflösung verfügt als das Sehorgan des Menschen. Wenn wir 60 Lichtblitze pro Sekunde als Einzelbilder wahrnehmen können, übertrumpft uns der Hund mit 80 Lichtblitzen pro Sekunde. Dadurch kann er selbst kleinste Bewegungen wahrnehmen – er ist ein „Schnellseher". Das hilft ihm, die Körpersprache seiner Artgenossen oder das Jagdverhalten des Wildes in Sekundenschnelle zu analysieren und entsprechend richtig darauf zu reagieren. Er wird also auch uns besser verstehen, wenn wir Bewegungen für unsere Kommunikation gezielt einsetzen, indem wir ihm Zeichensprache parallel zur Lautsprache beibringen. Irgendwann brauchen wir gar nichts mehr zu sagen und der Hund legt sich auf Entfernung nur auf unser Handzeichen ins Platz.

Handzeichen „Sitz"

Heben Sie jedes Mal, wenn der Hund sitzen soll, die Hand und kombinieren Sie das Zeichen mit der Ansage „Sitz". Irgendwann können Sie damit beginnen, den Hund auf Entfernung anzusprechen, das Handzeichen zu zeigen und „Sitz" zu sagen. Am Anfang wird der Hund wahrscheinlich zu Ihnen kommen wollen. Das ist von ihm gut gemeint, aber nicht das, was wir wollen: Er soll lernen, sich sofort an Ort und Stelle zu setzen. Deshalb gehen wir freundlich aber klar auf ihn zu und wiederholen „Sitz" und halten dabei das Handzeichen. Sobald er reagiert

und sich setzt, bleiben wir sofort stehen, loben ihn und gehen rückwärts zum Ausgangspunkt zurück. Hier verharren wir kurz, bauen Spannung auf – und rufen ihn dann mit ausgestreckten Armen zu uns. Nachdem der Hund das Signal auf diese Weise kennengelernt hat, können Sie bald damit beginnen, es „ohne Worte" einzusetzen: Sie rufen den Hund, er dreht sich um und sieht Ihren erhobenen Arm – die Cracks unter den Hunden werden sofort schalten und sich setzen. Die breite Mehrheit wird wahrscheinlich unschlüssig gucken und abwarten. Geben Sie ihm hier den entscheidenden Tipp, indem Sie laut und deutlich „Sitz" rufen. Bei dieser Reihenfolge (erst das Zeichen, dann das Wort nur wenn nötig als Hilfe hinzunehmen) bleiben Sie ab jetzt. Irgendwann brauchen Sie dann gar nichts mehr zu sagen: Ihr Hund setzt sich sofort auf das Zeichen hin.

Handzeichen „Platz"

Auch das Trainieren des Handzeichens „Platz" ist ganz einfach: Wir heben jedes Mal, wenn sich der Hund hinlegen soll, den Arm, allerdings halten wir ihn dabei nicht senkrecht hoch, sondern waagerecht zum Boden, mit ausgestreckter Hand. Der Hund wird das neue Zeichen sofort registrieren und erkennen, dass es ab jetzt immer zum Wort „Platz" gezeigt wird. Genau wie bei der vorherigen Übung können Sie bald damit beginnen, das Signal probeweise „ohne Worte" einzusetzen: Sie rufen den Hund, er dreht sich um und sieht Ihren ausgestreckten Arm – die hochbegabten unter den Hunden werden sofort schalten und sich hinlegen. Gehen Sie lieber davon aus, dass Ihr Hund zu den durchschnittlich intelligenten Vertretern seiner Art gehört und sich wahrscheinlich unsicher umgucken und abwarten wird. Geben Sie ihm in diesem Fall wieder Hilfestellung, indem Sie laut und deutlich zur Erinnerung „Platz" rufen.

Absetzen aus der Bewegung

Die Signalkommunikation auf Distanz können Sie fantastisch trainieren, indem Sie gleichzeitig Bleib, Absetzen und Ablegen aus der Bewegung üben. Achtung: Erst wenn der Hund die Sichtzeichen kennt, können Sie anfangen. Setzen Sie ihn ab, sagen Sie „Bleib" und gehen Sie weg. Dann rufen Sie den Hund und setzen ihn durch das Sitzzeichen auf dem Weg zu Ihnen einmal ab. Beim erneuten Abrufen freuen Sie sich gigantisch, laufen ein Stück synchron und spielen mit dem schlauen Hund!

Ganz ähnlich gehen Sie beim Ablegen aus der Bewegung vor: Sie entfernen sich vom sitzenden Hund, rufen ihn und legen ihn aus dem Lauf ab. Kommt er weiter entgegen, gehen Sie einfach auf ihn zu und signalisieren ihm dabei, dass er sich hinlegen soll. Sobald er liegt, loben Sie ihn mit der Stimme, laufen rückwärts zurück und rufen ihn vom Ausgangspunkt fröhlich zu sich. Dann wird er nochmals ausgiebig gelobt.

1. Hunde lernen sehr schnell, Sichtzeichen und Wörter zu kombinieren.

2. Das „Zu-Ihnen-Rennen-Dürfen" ist die schönste Belohnung.

3. Auch das Hinlegen auf Distanz lernen die meisten Hunde ganz schnell.

Mit der Doppeltonpfeife kann man Hunde ohne Stimmungsübertragung zurückrufen.

ERNSTFALL

Pfeifen Sie nicht zu viel, sondern heben Sie es sich hauptsächlich für sehr positive Momente auf, damit es im Ernstfall auch wirklich klappt.

DOPPELTONPFEIFE

Es ist wirklich einfach, seinem Hund die Pfeifsignale „Komm" und „Sitz" beizubringen – Sie werden erstaunt sein, wie schnell Ihr Hund kombinieren kann.

Sie rufen Ihren Hund („Komm") und pfeifen anschließend die glatte Tonfolge kurzlang („tüt – tüüüüüüt"). Gleichzeitig können Sie ihn durch weitere „Komm"-Signale (mit der Hand an den Oberschenkel klopfen/in die Hände klatschen/rückwärtslaufen, den vollen Fressnapf in der Hand halten …) zum Kommen animieren. Achten Sie darauf, dass zwischen den beiden Tönen eine kurze Pause ist, dass sie also vom Hund deutlich als zwei Töne wahrgenommen werden.

Die Pfeife setzen Sie jetzt immer ein, wenn Sie ihn in einer positiven Situation rufen: Wenn er lange sitzen geblieben und Sie weit weggegangen sind und er endlich zu Ihnen laufen darf oder Sie am Wegrand einen Haufen Leckerchen entdeckt haben. Der Hund wird sich solche Aktionen sehr schnell merken und dadurch das Pfeifen als sehr lohnenswertes „Komm"-Signal abspeichern. Irgendwann wechseln Sie die Reihenfolge: Erst pfeifen, dann rufen Sie. Sie werden sehen: Ihr Hund wird wahrscheinlich schon auf das Pfeifen reagiert haben, bevor Sie überhaupt rufen mussten. Deshalb können Sie das Rufen irgendwann auch einfach ganz weglassen und nur noch nach ihm pfeifen.

Signal „Sitz" mit Pfeife

Wenn Ihr Hund schon auf Handzeichen trainiert ist, wird es ihm leichter fallen, das Pfeifsignal für das „Sitz" zu lernen, denn Sie haben ein weiteres Zeichen, mit dem Sie ihm deutlich machen können, was Sie jetzt von ihm erwarten. Wir gehen vor wie gehabt: Wir sagen deutlich „Sitz", geben das Handzeichen und trillern gleich anschließend einmal kräftig und kurz. Der Hund wird sich über den Aufwand, den Sie hier plötzlich betreiben, beim ersten Mal sicher etwas wundern. Lassen Sie sich nicht beirren: Wiederholen Sie diese Darbietung immer wieder im Laufe dieses und der folgenden Tage. Irgendwann können Sie nach und nach die anderen Hilfen (erst Stimme, dann das Handzeichen) weglassen – und der Hund reagiert nur noch auf den Triller. Wenn das sicher „sitzt", können Sie den Hund aus der Bewegung absetzen: Sie gehen spazieren, der Hund läuft vor. Jetzt trillern Sie einmal kurz und kräftig – der Hund wird sich beim ersten Mal wahrscheinlich erstaunt umsehen. Wiederholen Sie den Triller und nehmen Sie das Handzeichen dazu. Hat Ihr Hund richtig reagiert, gehen Sie zu ihm hin, loben ihn ruhig und schicken ihn mit „Lauf" wieder los. Dieses „Absetzen aus der Bewegung mit Triller" können Sie von nun an immer wieder und jeden Tag üben.

Gib Jägern keine Chance

Hunde reagieren in stressigen Situationen auf einen Pfiff viel schneller als auf lautes Gebrüll – und nebenbei sieht das auch sehr viel eleganter aus. Selbst ein Hund mit ausgeprägter Jagdveranlagung kann durch einen neutralen Triller gestoppt werden – und setzt sich „wie ferngesteuert" sofort hin. Wichtig, damit das auch wirklich klappt:

1. Wir starten das Signaltraining früh;
2. am besten, bevor unser Freund dem Jagdfieber durch ein positives Hetzerlebnis verfallen ist,
3. und üben es von da an ständig und überall, bis es unserem Freund in Fleisch und Blut übergegangen ist.

DOPPELTONPFEIFE

Die Doppeltonpfeife ist eine Errungenschaft aus dem Jagdwesen und zeichnet sich gegenüber anderen Hundepfeifen durch drei wichtige Besonderheiten aus:

1. Sie kann zwei Arten von Tönen erzeugen, den Triller und den „glatten" Ton.

2. Auch wir Menschen können sie hören.

3. Sie ist immer neutral, das heißt, egal, wie gern Sie Ihren Hund gerade zum Mond schießen möchten – dem Pfiff hört man Ihre Wut nicht an. Ein Grund mehr für den Hund, sich doch fürs Kommen zu entscheiden.

Üben Sie es auch unter Tempo: Rennen Sie mit Ihrem Hund, spielen Sie ein Jagdspiel – und stoppen es immer mal wieder durch den Sitztriller. So halten Sie kurz die Spannung und rennen dann mit ihm weiter. Das Gleiche können Sie auch am Rad machen – setzen Sie den Hund mitten in der Fahrt durch den Triller ab und pfeifen ihn dann mit dem glatten Ton zur Aufholjagd. Damit tun wir ihm und uns viel Gutes: Wir haben zusammen Spaß und trainieren nebenbei das Absetzen aus der Geschwindigkeit. So bekommen wir einen Hund, dessen Jagdverhalten kontrollierbar ist, und können den Ausflug durch Feld und Wald entspannter genießen.

Vom Freilauf träumen viele Hundehalter. Sicherer Rückruf und Rücksichtnahme machen es möglich.

ÜBUNGEN, DIE AUSFLÜGE SCHÖNER MACHEN

Das ist der Traum eines jeden Hundehalters: Gemeinsam mit Hund auf langen Spaziergängen die Natur erleben und stressfrei genießen. Damit das in der Realität auch wirklich klappt, können Sie Ihrem Hund noch ein paar nützliche Tricks beibringen.

„Voraus"

Hunde sind überdurchschnittlich begabt, uns zu beobachten, Sie analysieren ständig unser Verhalten und wissen genau, was wir sehen und hören können. So verstehen sie schon als Welpen, dass wir z. B. alles, was hinter uns passiert, nur stark zeitverzögert wahrnehmen. Kein Wunder, dass einige Hunde es bevorzugen, beim Spaziergang hinter uns zu bleiben. Daraus ergeben sich viele Vorteile:

Zum Beispiel können sie sich unbemerkt in aller Ruhe in herrlich stinkendem Aas wälzen oder eklige Dinge fressen. Wenn Sie solchen Vorlieben vorbeugen wollen, bleibt Ihnen nur eines übrig: Schicken Sie Ihren Hund voraus. Der Vorteil ist offensichtlich: Hier haben wir ihn immer im Blick und können schneller reagieren. Sagen Sie also am Anfang „Voraus" immer dann, wenn er sowieso gerade an Ihnen vorbeizieht. Mit der Zeit wird er das Wort mit der Situation verbinden. Dann verlangen Sie es auch, wenn er hinter Ihnen ist – gucken Sie sich um, sagen Sie „Voraus" und klatschen auffordernd in die Hände. Sobald er vorne bleibt, loben Sie ihn („Prima, voraus"). Sobald er sich wieder zurückfallen lässt, schicken Sie ihn voraus. Der Hund wird schnell verstehen, was dieses neue Wort bedeutet.

„An die Seite" oder „Rüber"

Es gibt nur wenige Gebiete, in denen wir stundenlang auf keine Menschenseele treffen – das Bedürfnis nach Ruhe und Natur eint uns mit vielen anderen Lebewesen. Das sollten wir achten und uns rücksichtsvoll benehmen. Zum Beispiel, indem wir unserem Hund beibringen, aus dem Weg „an die Seite" zu gehen. Dieses Signal lernen Hunde nebenbei: Wiederholen Sie bei jedem Spaziergang immer mal wieder die Aufforderung „An die Seite" oder „Rüber" und deuten dabei an den Wegrand neben sich. Am Anfang wird unser Begleiter zu uns kommen, das ist vom Ansatz her schon mal richtig, also loben wir ihn und zeigen noch mal genau an die Stelle, wo wir ihn haben wollen. Sobald er dort ein kurzes Stück neben uns geblieben ist, schicken wir ihn wieder „Voraus". Nach und nach wird er begreifen, dass er nicht bis zu uns kommen muss, sondern nur auf den angezeigten Grünstreifen oder den Wegrand wechseln soll.

„Rrrraus da"

Abseits von Wegen beginnt meist das Dickicht mit seinen großen Abenteuern: Da gibt es Kaninchenlöcher, im Laub raschelnde Mäuse, streng riechende Fuchsbauten und abgelegte Rehkitze oder Hasenkinder. Umsichtige Hunde- und Naturfreunde wissen das und lassen ihre Lieblinge nicht abseits von Wegen durchs Unterholz jagen. Besonders von April bis Juli, in der „Schon- und Setzzeit", sollten Hundehalter besonders viel Rücksicht nehmen, denn trächtige Rehe und Häsinnen müssen geschont werden, später sollen Rehkitze, Bodenbrüternestlinge und Hasenbabys im hohen Gras sicher aufwachsen. In Niedersachsen ist von April bis Juli für Hunde in Naturschutzgebieten sogar Leinenpflicht, doch auch allen anderen Hundehaltern sollte die Natur am Herzen liegen.

Ein tolles Mittel, Hunde ganzjährig aus dem Dickicht rauszuholen: Bringen Sie ihm bei, was „Raus da" bedeutet. Dafür sagen Sie, sobald er ins Unterholz verschwinden möchte: „Raus da". Der Hund wird natürlich erst mal nicht verstehen, was das nun wieder bedeuten soll. Aber weil er grundsätzlich ein gutmütiger Kerl ist, wird er aus dem Unterholz heraus und zu uns gelaufen kommen. Das ist der erste Schritt in die richtige Richtung. Dafür loben wir ihn und schicken ihn wieder voraus. Sobald er Anstalten macht, im Dickicht unterzutauchen, wiederholen wir unser neues Signal, indem wir das „r" übertrieben vor dem eigentlichen Wort her rollen: „Rrrrrrrrrrrraus da". Der Hund wird das sofort als neues, eindrückliches Wort wahrnehmen und bald mit der entsprechenden Situation verknüpfen. Kommt er nicht, springen Sie überraschend ins Unterholz und scheuchen ihn mit „Rrrrrraus da" heraus. Schon bald wird unser schlauer Hund verstehen, was wir damit meinen. Er soll zwar aus dem Unterholz, aber er braucht nicht bis zu uns zu kommen.

Kommen Jogger oder Radfahrer entgegen, helfen Signale ...

... wie „An die Seite"/„Rüber" oder „Sitz" aus der Entfernung.

ZUVERLÄSSIGER
BEGLEITER DURCHS LEBEN

MITEINANDER KOMMUNIZIEREN

Rüpel abwehren oder die psychische Stabilität eines vermeintlichen
Rivalen testen – dafür brauchen Hunde Aggressionsverhalten.

Hundeverhalten verstehen

Hunde kennen viele Möglichkeiten, um ernsthafte Beißereien zu verhindern. Durfte unser Hund schon in der Welpenschule lernen, wie man sich gekonnt aus der Affäre zieht oder Gegner beschwichtigt, stellen Stresssituationen mit Artgenossen für ihn meist kein Problem dar. Trotzdem ist es für uns Hundehalter wichtig, Konfliktsituationen beurteilen zu können.

DEFENSIVE UND OFFENSIVE AGGRESSION

Beide Aggressionsformen zeigen Nasenrückenrunzeln, ansonsten wird schnell deutlich, wer hier der Chef ist. Der defensive Hund zieht alles nach hinten (Ohren und Mundwinkel), die Zähne sind voll sichtbar und werden oft geleckt. Die Rute wird tief gehalten oder sogar bis unter den Bauch eingezogen, die Stirn ist glatt. Der offensive Hund zeigt dagegen alles, was er hat: Ohren, Körperhaltung und Rute werden nach vorne gerichtet, die Mundwinkel sind kurz und rund, sodass nur die vorderen Zähne zu sehen sind. Die Stirn ist gerunzelt. Die meist stark ritualisierten Kämpfe entstehen, wenn sich der „Unterlegene" zu sehr in die Ecke gedrängt fühlt, wenn wichtige Ressourcen im Spiel sind (Sexualpartner, Knochen oder Ball) oder der Hund während der Sozialisation nicht genug Konfliktmanagement gelernt hat. Ein echter Beschädigungskampf kommt eher selten vor, meist handelt es sich um Scheinkämpfe (siehe Foto links oben, der weiße Hund wehrt ab).

IMPONIERVERHALTEN

Offensive Körperhaltungen, auf die der Partner jeweils gleichwertig oder defensiv reagiert, was den Fortlauf der Verhaltenskette bestimmt. Dabei kommt es häufig zur Bewegungseinschränkung durch T-Stellung (siehe Foto links unten), Parallelstehen mit Blickabwendung und/oder Drohfixieren als Ankündigung der Angriffsbereitschaft, aufgelöst wird häufig über gemeinsames, ausdrucksstarkes Markieren mit exzessivem Scharren. Die Rute wedelt hektisch mit geringem Ausschlag oder bleibt starr – je nach Persönlichkeit und innerer Erregung. Je besser Hunde sich kennen, desto weniger wird es zu Imponiergehabe kommen, besonders wenn die Menschen entspannt mit der Situation umgehen (Tipps, S. 155).

Der souveräne Retriever ermöglicht dem unsicheren Pointer freundlich die Geruchskontrolle an den Drüsen im Gesicht.

ABBRUCHSIGNALE

Meist beginnt der offensive Hund mit Drohsignalen (Abbruchsignale ohne Bewegung wie strenger Blick/Anstarren, Stirnrückenrunzeln, warnendes Anheben der Stimme). Hilft das nicht, kommen körperliche Abbruchsignale zum Einsatz (Abbruchsignale mit Bewegungen wie Zwicken, Anrempeln, Wegschubsen) und erst ganz am Ende der Eskalationsskala stehen Reaktionen wie Über-den-Haufen-Rennen, Umwerfen, Überstellen, Runterdrücken oder Bellen und Springen in Richtung des Kontrahenten. Defensive Hunde zeigen Drohschnappen in die Luft und „bitten" damit zum Beispiel um mehr Distanz.

BESCHWICHTIGUNGSSIGNALE

Sie sind der Gegenpart zu den Abbruchsignalen, sie werden von unten nach oben gezeigt und sollen eine Eskalation durch Unterwerfung verhindern. Dazu hebt der unterlegene Hund z. B. die Pfote, dreht sich freiwillig auf den Rücken oder leckt die Mundwinkel.

BERUHIGUNGSSIGNALE

Sie werden immer von oben nach unten gezeigt, das heißt: der ranghöhere beruhigt durch diese Signale den rangniederen Hund (souveräne Blickabwendung, Schnuppern am Boden, einen Bogen laufen, beiläufiges Markieren mit Blick Richtung Horizont).

KONFLIKTMANAGEMENT

Begegnen sich zwei rivalisierende Hunde, sollten Sie immer versuchen, die Situation zu entschärfen. Solange Sie neben Ihrem Hund stehen und mit Spannung beobachten, was als Nächstes passiert, fühlt er sich durch Ihre Gegenwart doppelt mutig. Wir nehmen ihm dieses Rudelgefühl, indem wir die Arena am besten gemeinsam mit dem anderen Hundebesitzer mit gespieltem Desinteresse verlassen (behalten die Situation aber im Auge). Durch die Bewegung und das gemeinsame Gehen entspannt sich die Situation und wir bieten unseren Hunden die Möglichkeit, sich gekonnt aus der Affäre zu ziehen.

Verhalten einschätzen lernen

Hat Ihr Hund generell große Freude dabei, andere Hunde „klein zu machen", sollten Sie einschreiten (S. 138). Doch wie können wir Hundeverhalten lesen und richtig interpretieren lernen? Mit dem Einordnen von Hundeverhalten ist es ein bisschen wie mit Fahrradfahren- oder dem Schwimmenlernen: Am Anfang ist alles für uns ein einziges Gewusel und wir fühlen uns überfordert, alle Bewegungsabläufe in ihrer Gesamtheit erkennen und einordnen zu können. Doch

fangen wir an, auf einzelne Signale zu achten und ordnen sie in die Situation ein, sehen wir plötzlich, wann zurückgelegte Ohren unterwürfig in der Kontaktaufnahme gezeigt werden, und dass sie in einer bedrängenden Situation zusammen mit einem runden Rücken, gebleckten Zähnen und gerunzeltem Nasenrücken bedeuten, dass der Hund angstaggressiv reagiert und wahrscheinlich gleich Abwehrschnappen zeigt. Wir können immer besser sehen, wie fein Hunde miteinander kommunizieren (wenn sie es lernen durften), wie sie auf kleinste Signale des Gegenübers schnell eingehen und entsprechend einschränkend, beruhigend oder beschwichtigend darauf reagieren. Wir fangen an, Knurr- und Bellgeräusche zu unterscheiden: Es gibt Spiel-, Abwehr-, Verteidigungsknurren und -bellen und mit ein bisschen Übung lässt sich das irgendwann heraushören. Noch einfacher machen uns Hunde ihre Botschaft, wenn wir nicht nur auf die Laute hören, sondern sie in Zusammenhang mit der Körpersprache sehen. So ergibt sich ein Gesamtbild und wir sind immer schneller in der Lage, soziale Situationen zwischen Hunden richtig einzuschätzen und wissen, wann wir etwas laufen lassen und wann wir eingreifen sollten.

Hier wird gerauft, aber der jungen „Tinta" ist die Sache noch nicht ganz geheuer, was an ihrer eingeklemmten Rute zu sehen ist.

APPLAUS FÜR TOLLE SPIELE

Ob alberne Tricks oder lustige Suchspiele — Hunde lieben es,
Herausforderungen zu meistern.

———

Spiel und Beschäftigung für Hunde

Sie haben es geschafft, die aufregende Zeit mit Welpen und Pubertier liegt hinter Ihnen! An Ihrer Seite steht eine Hundepersönlichkeit, die entspannte Spaziergänge, tiefe Freundschaft und enge Vertrautheit genauso genießt wie Sie.

Doch kein Grund, sich auf Lorbeeren auszuruhen, denn zusammen Herausforderungen zu meistern, macht Spaß und glücklich! Wenn wir Hunde dazu auffordern, sich neuen Aufgaben zu stellen, kann das ihr Selbstbewusstsein stärken, die Impulskontrolle oder Grundsignale weiter verfestigen und sie lebenslang lernwillig und neuen Herausforderungen gegenüber offenhalten. Abenteuer im Alltag lassen sich überall finden – wir müssen nur die Augen aufmachen.

SACHENSUCHER

Dieses Spiel macht nicht nur Spaß, Hunde können auch ihre Konzentrationsfähigkeit und Problemlösekompetenz dabei steigern. Sie fangen an, indem Sie den Hund absetzen und ihm sein Lieblingsspielzeug zeigen. Dann schlendern Sie durchs Zimmer und verstecken das Spielzeug an einer Stelle, die er am Anfang von seiner Position aus sehen kann. Beginnen Sie mit einem leichten Versteck, das eigentlich unter dem geistigen Niveau Ihres Hundes ist. Der schnelle Erfolg nach einer kurzen Suche und Ihre große Freude über sein detektivisches Gespür wird ihn dieses Spiel von der ersten Runde an lieben lassen. Langsam können Sie jetzt den Schwierigkeitsgrad steigern: Verstecken Sie den Gegenstand so, dass er gar nicht mehr zu sehen ist, z. B. unter einem Kissen. Nach mehreren Spieleinheiten können Sie den Hund dann sogar vor der Tür absetzen. Jetzt kann er gar nicht mehr sehen, wo Sie den Gegenstand verstecken. Wichtig bei dieser Spielstufensteigerung: Wählen Sie zuerst wieder einfache Verstecke. Besonders Kinder lieben das Sachensucherspiel und zeigen sich sehr kreativ im Finden von Verstecken. Das Erinnerungsvermögen wird trainiert, wenn wir uns vom Hund dabei beobachten lassen, wie wir an einem bestimmten Ort das Spielzeug verstecken und ihn erst am nächsten Tag zum Suchen schicken.

PERSPEKTIVENWECHSEL

Das kann z. B. ein Abwasserrohr sein, das neben einer Baustelle liegt. Die Aufgabe: Hier kann der Hund balancieren, darüber hinwegspringen und schließlich – für ganz Mutige – durch den Tunnel laufen. Auch Bänke eignen sich hervorragend als Übungsobjekte. Der Hund kann neben uns sitzen und die Aussicht genießen, unter der Bank hindurchkriechen oder über die Lehne springen. Bringen Sie für diese Übung aber bitte ein paar Tücher mit, damit Sie die Bank wieder sauber hinterlassen. Für die „Klettermaxe" unter den Hunden: Umgefallene Bäume, schräg wachsende Weiden oder niedrige Astgabeln – geschickte Hunde können hier hochklettern oder hochspringen.

FINDERLOHN

Voraussetzung für diesen Trick: Ihr Hund muss das Apportieren (S. 162) und Sachensuchen (S. 157) beherrschen. Darauf aufbauend können Sie ihm dieses tolle Spiel beibringen. Sie lassen aus Versehen einen unempfindlichen Gegenstand fallen (z. B. einen Handschuh oder eine alte Socke) und reagieren ein paar Schritte später: Mein Handschuh? Wo ist denn mein Handschuh? Ihr Hund wird Sie vielleicht nicht auf Anhieb verstehen, aber jetzt gehen Sie zurück, zeigen auf das Objekt und animieren ihn dazu, es aufzunehmen. Loben Sie den Hund, als hätte er schon etwas richtig gemacht, lassen Sie es sich wiedergeben und spendieren dafür eine Leckerei. Gehen Sie erneut ein paar Schritte, lassen den Handschuh fallen und wiederholen die Aufforderung. Viele Hunde verstehen bereits, anderen muss es öfters gezeigt werden. Irgendwann können Sie die Entfernungen vergrößern, die der Hund suchend zurücklegen muss. Zunächst sollte sich der „verlorene" Gegenstand jedoch immer in Sichtweite befinden. Ist der Hund sicher genug und hat Freude an dem Spiel, können Sie die Distanz verlängern,

vielleicht auch irgendwann abbiegen, sodass der Hund den gegangenen Weg zurückverfolgen muss, bis er den Handschuh gefunden hat. Sein liebster Finderlohn: Ihre fröhliche Anerkennung für seine enorme Klugheit.

TRICKTRAINING

Fein bringen

Wenn Ihr Hund das Apportieren liebt und sicher beherrscht (siehe S. 162), können Sie ihn nach dem Einkauf sein Futter selber nach Hause tragen lassen. Eine großartige Idee, deshalb wird sie hier vorgestellt: Eine kleine Tasche mit beißfestem Tragegriff aus weichem Gummi macht's möglich und Hund kann greifen und tragen (www.ernl.de). Und so geht's: Füllen Sie die Tasche mit Leckereien und setzen Sie den Hund ab. Stellen Sie die Tasche vor ihn hin, gehen Sie ein Stück weg und fordern Sie ihn auf, zu apportieren. Oft greifen Hunde nicht in den Griff, sondern schlagen mit der Pfote dagegen oder beißen in den Stoff. Ist der Hund zu motiviert, nehmen Sie erst einmal nur den Griff heraus und lassen sich diesen bringen. Danach befestigen Sie ihn wieder vor den Augen des

Hundes an der Tasche und versuchen es erneut. Sobald der Hund die Tasche gebracht hat, freuen Sie sich und lassen ihn aus der Tasche fressen. Verlängern Sie die Distanzen und packen Sie irgendwann Ihre Einkäufe hinein. So lernt der Hund, die „schwere" Tasche zu tragen und zu helfen.

Peng

Hier soll sich der Hund still auf die Seite legen und „tot stellen". Leider findet man den Trick nur selten in Perfektion vorgeführt, denn die meisten Hunde wedeln dabei mit dem Schwanz. Aber sie haben eindeutig Spaß an der Sache – und das ist das Entscheidende: Wir legen den Hund ab und sagen „an die Seite", drehen ihn mit Hilfe unserer Hände auf die Seite. Wir halten ihn in dieser Position fest und sagen „Peng" – immer wieder, bis wir ihn schließlich wieder freigeben und uns mit ihm über ihn freuen. Um ihm die ganze Sache schmackhaft zu machen, können Sie ihm nach dem Stillliegen zur Belohnung anfangs etwas Leckeres geben. Das Ganze wiederholen wir nach einer Spielpause und versuchen bald, die Hände vom Hund zu nehmen, ohne dass er den Kopf hebt oder aufsteht. Dabei wiederholen wir freundlich „Peng". Sobald er kurz still liegen geblieben ist, freuen wir uns über unseren begabten Hund. Jetzt soll er lernen, dass er auch auf Entfernung auf „Peng" richtig reagiert und still liegen bleibt. Dazu entfernen wir uns immer weiter von ihm und verlängern langsam die Dauer des „Totstellens". Wenn wir viel Geduld haben, wird er sich irgendwann bei „Peng" sofort hinlegen und tot stellen. Den klopfenden Schwanz ignorieren wir und freuen uns riesig über die Leistung.

LECKERCHEN FÜRS TRICKTRAINING?

Für erwachsene Hunde gilt: Charakterfeste Hundepersönlichkeiten sind oft nicht mehr so leicht für jede Trickserei zu begeistern - hier kann ein bisschen Futter nachhelfen. Das Leckerli dient hier als kleine Motivationshilfe, die bald wieder reduziert und irgendwann ganz weggelassen werden kann. Übrig bleibt ein kleines Trickrepertoire für Regentage oder Teegesellschaften, die unter Applaus vorgeführt werden können und gelangweilte Hunde beschäftigen.

1

2

3

An die Seite und herum

Die stabile Seitenlage kennt der Hund ja bereits vom „Peng"-Trick. Jetzt kommt das Rundherum: Wir sagen „An die Seite" und dann „Und herum", fassen den Hund zeitgleich an den Vorderbeinen und drehen ihn auf die andere Seite. Mag der Hund nicht so gerne angefasst werden, können Sie auch sein Spielzeug über den Kopf an die andere Seite legen, sodass er sich automatisch mitdreht. Exakt in dem Moment bekommt der Hund eine kleine Belohnung. Das wiederholen wir so oft, wie es uns und unserem Hund Spaß macht. Irgendwann benutzen wir nur noch eine Hand zum Drehen, mit der anderen klopfen wir auf die Seite, zu der sich der Hund drehen soll. Sie werden spüren, wann der Hund mit seiner Körperkraft mitarbeitet. Ab diesem Moment lassen Sie Ihre Hilfestellung ganz bleiben und beschränken sich nur noch auf das Klopfen und die Worte „Und herum".

Handzeichen für Rundherum

Jetzt können Sie noch ein Handzeichen hinzunehmen: Hocken Sie sich zu dem Hund auf den Boden. Hat sich Ihr Hund hingelegt und blickt zu Ihnen, sagen Sie „Und herum" und machen mit der Hand eine Kreisbewegung in die entsprechende Richtung. Das Signal kann der Hund verinnerlichen und dann irgendwann sogar lautlos – nur auf Ihr Handzeichen hin und wenn Sie entfernt von ihm stehen – eine oder mehrere Rollen hintereinander vorführen. Gut trainierte Hunde drehen sich sogar auf das entsprechend spiegelverkehrte Zeichen in die andere Richtung. Viel Spaß!

4

1. Spaß für die ganze Familie!

2. Hunde, die gern springen, hopsen nicht nur über ein Bein, ...

3. ... sondern freiwillig über ganz viele Beine.

4. Ein toller Partytrick mit Applausgarantie.

Über das Bein springen

Am Anfang setzen Sie sich auf den Boden vor den Hund, strecken das Bein aus und sagen „Hopp". Zur Unterstützung können Sie dahinter ein Spielzeug halten, das Sie in dem Moment des Springens ein Stück werfen. Sobald der Hund durchschaut hat, was wir von ihm wollen, können wir uns langsam aufrichten und den Hund erst aus der Hocke, dann stehend über unser Bein hopsen lassen. Fortgeschrittene springen sogar über mehrere Beine hintereinander. Ein herrlicher Trick auch für Kinder, die auf diese Weise mit dem Hund spielerisch trainieren können. Später kann das Springen auch zur Motivation eingesetzt werden, z. B., wenn wir den Hund weit hinten abgesetzt haben, ihn abrufen und er noch ein Stückchen „fliegt."

HUNDESPORT

Ihr Hund ist sportlich und hat Freude an der gemeinsamen Bewegung? Dann sollten Sie sich informieren, ob Zughundesport, Flyball, Frisbee, Agility, Mantrailing oder Apportieren – die Liste ist lang und vielseitig. Informationen zu den Hundesportarten erhalten Sie in Deutschland über den DHV (Deutschen Hundesport Verband), in Österreich über den ÖHU (Österreichische Hunde Sport Union) und in der Schweiz über den TKAMO (Technische Kommission Agility Mobility Obedience). Hundeschulen oder -vereine vor Ort bieten andere Beschäftigungen für den Alltag: Probieren Sie aus, was Ihnen und Ihrem Hund gefällt und finden Sie das passende „Hobby" wie Mantrailing oder Apportieren für Ihren Hund.

1

1. Die Stimmungsübertragung ist wichtig.

2. Verhalten Sie sich spannend mit Stimme und Signalen.

3. Das kurze Warten erhöht die Spannung.

4. Endlich darf Rico das Dummy holen …

5. …und zu seiner begeisterten Halterin bringen.

APPORTIEREN

Apportieren ist verbindendes Teamwork, schult das Erinnerungsvermögen, die Kommunikation auf Distanz und eignet sich hervorragend dazu, Hunde auf Sinnsuche und mit zu viel Energie ein bisschen zu erden. Dabei muss der Hund etwas machen, dass seiner Natur eigentlich zuwiderläuft: Er muss Beute abgeben, statt sie für sich zu sichern – eine wahre Herausforderung. Deshalb sollten wir ihm zuerst einen Deal vorschlagen: Spielst du mit mir dieses spannende Spiel, dann gibt es Futter für Beute.

Schritt 1: Im Haus

Machen Sie zuerst das Dummy spannend, indem Sie es dem Hund immer mal wieder zeigen. Nehmen Sie es dabei in die Hand, wiegen, beschnuppern und bewundern Sie das Stoffding, als wäre es ein Heiligtum. Legen Sie das Dummy dann wieder an einen Ort, den der Hund sehen, aber nicht erreichen kann. Nach ein paar Tagen holen Sie es vom Schrank und ermuntern den Hund, das Dummy spielerisch in den Fang zu nehmen. Dann sagen Sie „Aus" und in dem Moment, in dem der Hund abgibt, geben Sie ihm eine leckere Belohnung und freuen sich über ihn. Diese erste Übung wiederholen Sie und bauen Sie langsam aus. Jetzt werfen Sie das Dummy ein kleines Stück. Achten Sie darauf, dass der Hund während des Werfens sitzen bleibt. Dazu sagen Sie deutlich „Sitz und Bleib" und werfen erst dann das Dummy. Will er loslaufen, sichern Sie ihn mit der Hand oder indem Sie auf die Schleppleine treten. Er lernt: Erst wenn ich geschickt werde, darf ich apportieren. Sie können den Moment des Sitzenbleibens auch gut für den Spannungsaufbau nutzen – das kurze Warten kann Hunde sehr motivieren. Sobald der Hund mit dem guten Stück bei Ihnen angekommen ist, sagen Sie wieder „Aus" und lassen es aus dem Maul in Ihre Hand fallen. Vergessen Sie nicht die Belohnung und Ihre große Freude über seine tolle Leistung!

DUMMY

Dummys sollten zur Größe Ihres Hundes passen, es gibt sie passend für Zwergpudel ebenso wie für Doggen. Manche Hunde ziehen Plastik den Stoffbeuteln vor oder das Gewicht einer leichteren Variante. Am besten, Sie testen aus, was Ihr Hund mag.

Schritt 2: Im Freien

Jetzt soll der Hund lernen, sich beim Abgeben zu setzen. Das bedeutet, erst wenn er sitzt und das Dummy ausgegeben hat, gibt es die Leckerei. Langsam können Sie diese Übung erst in den Garten, dann auf den Spaziergang ausweiten. Dabei kann das Dummy irgendwann auch ins hohe Gras geworfen werden, sodass es nicht zu sehen ist. Bauen Sie Spannung auf, indem Sie sich vor den Hund hocken und ihn dann mit „Apport" – und den Arm in die entsprechende Richtung gestreckt – zum Holen schicken.

Schritt 3: Weitere Dummys

Jetzt hat der Hund den Sinn der Übung verstanden. Sie brauchen nicht mehr jedes Mal mit Futter zu belohnen, sondern nur hin und wieder. Nehmen Sie jetzt das zweite Dummy dazu. Kann er sich beide Fallstellen sicher merken, können Sie das dritte Dummy werfen. Der Hund muss sich alle Fallstellen merken – und die Dummys nach und nach zu Ihnen bringen. Erst am Ende der Übung gibt es die Belohnung oder ein lustiges Spiel.

Schritt 4: Auf der Pirsch

An ein Dummy kann man sich auch gemeinsam „anpirschen". Dazu werfen Sie das Dummy und „schleichen" dann geduckt neben Ihrem Hund auf dieses zu. Sagen Sie dabei „Pieieiersch" – und legen auf dem Weg zur „Beute" den Hund immer einmal wieder ins „Platz", indem Sie selbst auch in die Hocke gehen und gleichzeitig „Platz" sagen. Nach und nach wird der Hund verstehen, was „Pieiersch" bedeutet, und großen Spaß daran haben, sich zusammen mit Ihnen geduckt dem Dummy zu nähern. Das letzte Stück darf er dann sprinten und es holen und zu Ihnen unter Ihrer großen Freude bringen. Dummytraining geht noch vielseitiger – viel mehr Apportierspiel-Ideen gibt's im Buch „Spielekiste". Auch Hundeschulen bieten hier tolle Kurse an.

WALKEN, RADFAHREN & CO.

Joggen

Neueinsteiger sollten das Training langsam steigern: Am Anfang reicht ein Kurzlauf von ungefähr drei Minuten. Innerhalb der nächsten Wochen kann diese Zeit langsam auf bis zu 20 Minuten erhöht werden. Ganz fitte Hunde und Menschen halten dann irgendwann eine Stunde am Stück durch. Allerdings sollte der Hund eine gute Gelenkmuskulatur haben, die seine Knochen stützt (Aufbautraining z. B. über Schwimmen). Aufwärmen vor dem Lauf ist für Menschen genauso wichtig wie für Hunde. Nutzen Sie einfach die ersten Meter zum ruhigen Gehen. So kann auch der Hund sich erst in Ruhe lösen, bevor das Sportprogramm startet. Muss der Hund unterwegs dringend Markierungen auffrischen oder schnuppern, können Sie die Wartezeit mit Ausfallschritten zur Seite, Knie hochziehen oder Dehnübungen überbrücken.

Radfahren

Hunde dürfen erst joggen oder am Rad laufen, wenn die Wachstumsphase abgeschlossen ist und sie nicht an Arthrose leiden. Bei Junghunden ist der Knorpel noch weich und kann geschädigt werden, bei Arthrose wird durchs Traben die Knorpelschutzschicht des Knochens weiter abgenutzt.

Auch hier ist also eine stabilisierende Muskelmasse an den Gelenken wichtig, die vorher aufgebaut werden muss. Schieben Sie am Anfang das Rad und der Hund soll lernen, „bei Fuß" zu laufen. Er darf weder stehenbleiben noch schnuppern, während Sie ihn am Rad führen. Zwischendurch steigen Sie auf und fahren kurze Distanzen – und schieben danach weiter. Freudiges Loben mit der Stimme und Ableinen zur Belohnung nicht vergessen! Die Distanzen am Rad sollten wie beim Joggen schrittweise verlängert werden: Sie starten mit drei Minuten und können auf Touren von bis zu einer Dreiviertelstunde gesteigert werden. Wichtig: Das Tempo sollte mäßig sein und Schritt sich mit Traben abwechseln, immer wieder muss der Hund auch Zeit zum Freilauf und Schnuppern bekommen. Wenn Sie längere Radtouren planen, sollte der Hund an den Fahrradanhänger oder kleine Hunde an den Fahrradkorb gewöhnt werden, damit er sich zwischendurch ausruhen kann. Das geht ganz ähnlich wie beim Schubkarren-Training (siehe S. 100): Lassen Sie den Hund dort absitzen und schieben ein kurzes Stück. Dann loben Sie ihn und lösen mit einem fröhlichen Spiel auf. Steigern Sie von nun an täglich die Distanzen und Geschwindigkeit. Irgendwann wird jeder Hund die Fahrt mit Wind um die Ohren genießen.

Schwimmen

Schwimmen ist ein gelenkschonender Sport und sehr effektiv für den Muskulaturaufbau. Ans Wasser gewöhnen wir den Hund langsam (siehe S. 102), irgendwann können wir dann gemeinsam entspannte Runden durch den Badeteich ziehen. Damit Ihnen der Hund dabei nicht den Rücken zerkratzt, sollten Sie ihm beibringen, neben statt hinter Ihnen zu schwimmen. Schieben Sie ihn einfach immer wieder an die gewünschte Schwimmposition und sagen Sie „Fuß".
Diesen Begriff hat er bereits als „Neben-dem-Menschen-Bleiben" gelernt, deshalb wird es ihm leichter fallen, zu verstehen, was Sie möchten.

Schwimmen ist sehr gut für gelenkschonenden Muskelaufbau.

Ferienzeit — mit Hund auf Reisen

Hunde wollen überall mit hin, auch in den Urlaub. Darin unterscheiden sie sich von allen anderen Haustieren, die meist eher häuslich veranlagt sind. Eine gute Reisevorbereitung ist wichtig, damit er für alle entspannt wird.

REISEVORBEREITUNG

Besonders Hunde, die schon als Welpen vielseitig sozialisiert wurden, haben mit langen Auto-, Schiffs- und Bahntouren wenig bis keine Probleme. Sogar Flugreisen können manche Hundepersönlichkeiten, die gut vorbereitet wurden, gut überstehen – besser ist es natürlich für Hunde, wenn wir mit dem Auto reisen. Planen Sie Ihren Urlaub mit Hund – und erholen Sie sich gemeinsam. Geteilte Freude ist doppelte Freude. Bevor Sie die Koffer packen, sollten Sie jedoch ein paar Dinge bedenken: Für jedes Land gibt es andere Einreisebestimmungen. In den meisten Ländern der Europäischen Union reicht es aus, dass der Hund gechipt und aktuell geimpft ist (an Impf- und Chip-Pass denken).
Sprechen Sie vorsichtshalber mit Ihrem Tierarzt über das Reiseziel oder lesen Sie sich im Internet schlau (www.pets-ontour.de): In manchen Ländern (z. B. Großbritannien, skandinavische Länder) gelten besondere Gesetze.
Bei Flugreisen empfiehlt es sich, die Details der Reisebedingungen mit der Fluggesellschaft genau abzusprechen. Für den Flug brauchen Sie eine ausreichend große Transportbox sowie Oxytocinspray, damit der Hund den Lärm und Stress besser ertragen kann. Kleine Hunde, die um die fünf Kilogramm wiegen, dürfen meistens mit in die Kabine.

HUNDEPENSIONEN

Wenn es doch eine Reise ohne Hund sein muss, sollten Sie vorsorgen und rechtzeitig nach einer guten Unterbringung suchen. Schließlich wollen Sie ohne schlechtes Gewissen Ihrem Hund gegenüber in die Ferien starten. Vielleicht haben Sie einen guten Freund, der den Hund nehmen könnte? Solche netten Menschen findet man umso schneller, je besser unser Hund erzogen ist, und für den Hund ist dies mit Sicherheit die angenehmste Alternative. Nach einer guten Pension sollten Sie sich frühzeitig umsehen. Denn Ferienunterbringungen unterscheiden sich nicht nur im Tagespreis – es gibt riesige Qualitätsunterschiede unter den Anbietern. Fragen Sie zuerst in Ihrer Hundeschule, im örtlichen Tierschutzverein oder bei Ihrem Tierarzt nach einem Geheimtipp. Diese Anlaufstellen kennen mit Sicherheit die einzelnen Pensionen aus vielen Erfahrungsberichten und können Ihnen am besten sagen, wo Ihr Hund gut aufgehoben ist. Letztendlich zählt der persönliche Eindruck:
— Wie gehen die Menschen mit den Hunden um?
— Wie reagieren die Hunde auf ihre Betreuer?
— Haben sie Zugang zu geheizten, gut eingerichteten Innenräumen?
— Wirkt die Anlage sauber? Beschäftigen sich die Betreiber intensiv mit den Hunden?

Mein Tipp: Oft sind die kleinen Anbieter die besseren, weil der Alltag ähnlich wie bei Ihnen ist und die wenigen Hunde mit im Haus leben dürfen.
Wenn Sie sich für eine Pension entschieden haben, dann trainieren Sie am besten das „Dortbleiben": Lassen Sie den Hund zunächst einen halben Tag, dann über Nacht und schließlich ein Wochenende dort. So lernt er: Hier ist es ganz nett und mein Mensch kommt immer wieder.

Graue Schnauzen — Verstehen ohne Worte

Wenn erste graue Haare die Schnauze zieren, rückt die Erkenntnis näher, dass unser Hund seine besten Jahre erreicht hat. Jetzt aber bitte nicht verzagen: Alte Hunde wollen immer noch wichtig und fast überall dabei sein!

Die Zeit mit Hundesenior ist für so manche von uns die schönste Phase im Hundeleben. Wir können vieles gelassen angehen, Augenblicke und gewachsene Vertrautheit genießen. Freuen Sie sich auf viele schöne Momente mit Ihrem alten Hund.

Ein älter werdender Hund erinnert uns daran, dass mit seinem auch das Ende einer Lebensphase naht: Alle Veränderungen, Umzüge, Abschiede, Wiedersehen, Glücksmomente eines Jahrzehnts sind untrennbar mit ihm verbunden – er war immer dabei.

EINE ZEIT DER VERTRAUTHEIT

Hunde teilen unser Leben in Abschnitte – sie sind „Lebensbegleiter", die eine verlässliche Konstante bilden in einer sich ständig verändernden Lebenswelt. Ihre Freundschaft und Liebe beruhigt in wilden Zeiten, wir teilen mit ihnen die schönen und traurigen Momente unseres Lebens. Unnötig zu erwähnen, dass mit der wachsenden Vertrautheit klärende Worte mit den Jahren überflüssig werden: Ein Blick, ein Zeichen – man versteht sich. Im Haus mit Senioren geht es deshalb ruhig und routiniert zu.

Alte Hunde genießen Nähe und Zärtlichkeit zu uns genauso wie zu alten Hundekumpeln. Gemeinsam mit altem Hund im Arm auf dem Rasen in der Sonne liegen und dösen macht viel mehr Spaß als im Liegestuhl. Zudem sorgt viel Innigkeit für die Ausschüttung des Glückshormons „Oxytocin" – ein Gegenspieler des Stresshormons Cortisol, das alte Hunde zunehmend ausschütten.

RUHE IST TRUMPF

Ähnlich wie Welpen wollen auch alte Hunde wieder viel schlafen. Sorgen Sie deshalb jetzt mehr denn je dafür, dass er einen ruhigen Schlafplatz hat. Trubel im Haus ist Hundesenioren deshalb ein Graus – ganz besonders, wenn Welpen zu Besuch kommen. Kleine Hundekinder sind meist enorm aufgeregt beim Anblick eines alten Artgenossen und können sich nicht vorstellen, dass irgendwer nicht stundenlang mit ihnen spielen möchte. Je nach Temperament werden die Hundeopas und -omas den Nachwuchs deshalb energisch zurechtweisen – oder sich großherzig den Attacken der kleinen Nervensägen hingeben. Wenn der Besuch endlich das Haus verlässt und langsam wieder die gewohnte Ruhe einkehrt, kann man schon mal einen erlösenden Seufzer aus dem Hundekorb hören.

Sonderstellung wahren

Überlegen Sie deshalb gut, ob Sie sich zum alten jetzt schon einen jungen Hund hinzunehmen. Viele Menschen tun das, weil sie meinen, damit dem Senior eine Freude zu bereiten und sich selbst den Abschied zu erleichtern. Doch die wenigsten Alten schätzen die süße, kleine, tapsige Konkurrenz: Ein putziger Welpe wird alle Aufmerksamkeit auf sich ziehen. Die Alten aber genießen die vertraute Zweisamkeit mit Ihnen – die damit ein jähes Ende fände. Dazu kommt, dass der Abschied vom Hund immer enorm schmerzhaft ist – ganz egal, wie viele Hunde Sie haben. Ein Freund stirbt – dafür gibt es keinen Ersatz!

RITUALE GEBEN SICHERHEIT

Bleiben Sie bei Ihrem bewährten Alltag, denn alte Hunde lieben die Gewohnheit. Wenn alles seinen geregelten Ablauf hat, sind sie am glücklichsten. Außerdem helfen bekannte Abläufe dabei, sich zu orientieren – denn hin und wieder kommt es vor, dass alte Hunde eine Art „Demenz" entwickeln. Aber die meisten Hunde werden einfach ruhiger, beobachten ihre Menschen bei den täglichen Verpflichtungen und fühlen sich als fester Bestandteil der Familie. Ihre Aufgabe ist jetzt nicht mehr die fröhliche Unterhaltung, sondern sie bilden nun vielmehr den Ruhepol, eine Oase der Gemütlichkeit, zu der man sich gern hinunterbeugt, übers Fell streichelt und neue Energien tankt.

NARRENFREIHEIT DER ALTEN

Manche Hundesenioren entwickeln ganz neue Sitten: Sie liegen plötzlich wie selbstverständlich auf Sofas oder Betten, die ein Leben lang tabu waren – und schauen uns dabei noch nicht einmal schuldbewusst an. Als hätten sie ab heute „verbriefte Rechte", die ihnen aufgrund ihres gehobenen Alters zustünden. Hundehalter neigen dazu, diese Regelbrüche milde zu belächeln – und verstärken dadurch natürlich die Tendenz des alten Hundes, seine neu gewonnene „Narrenfreiheit" auch auf andere Bereiche auszudehnen. Aber aufgepasst: Unterschätzen Sie Ihren alten Hund nicht. Vieles, was er sich plötzlich „herausnimmt", tut er nur, weil er eine neue Nachsicht bei uns wahrnimmt – und die nutzt er natürlich gern aus. Es gibt auch Senioren, die zeigen sich in dieser Lebensphase sehr erfinderisch und entwickeln selbstständig Zeichen, um sich ihren Menschen mitzuteilen: So gehen einige Hundeherrschaften z. B. mit der Dauer eines Spazierganges immer langsamer und setzen sich schließlich hin – um ihrem Menschen damit deutlich zu zeigen, dass es Zeit für den Heimweg ist. Oder sie verweigern das Verlassen des Hauses bei strömendem Regen, indem sie direkt zurück auf ihren Platz marschieren. Das ist eine ganz neue Erfahrung für ihre Menschen, denn bislang hat Kommunikation meist hauptsächlich in die andere Richtung funktioniert. Jetzt überlegt sich der Hund eigene, neue Zeichen, um uns mitzuteilen, was er möchte.

Wer glücklich ist, ist gesünder — das leben uns besonders aktive Hundesenioren vor.

KÖRPERLICH UND GEISTIG FIT

Renn-, Kletter- und Fangspiele können wir mit steigendem Alter unseres Hundes langsam weniger werden lassen. Auch Radtouren sind jetzt nicht mehr die passende Beschäftigung. Entspannte Spaziergänge reichen dem Senior jetzt aus, aber diese können wir abwechslungsreich gestalten. Lassen Sie ihn mal abseits der Wege das Dickicht erkunden. Verschiedene Untergründe unter den Pfoten regen die Sinne an, über niedrige Baumstämme balancieren ist gut fürs Gleichgewicht und Koordination und trainiert Muskeln auf sanfte Weise. Im Kopf bleibt der alte Kerl fit, wenn wir weiter „Sachensucher" (siehe S. 157) oder „Finderlohn" (S. 158) mit ihm spielen. Auch gut: Verstecken Sie auf dem Hinweg ein Spielzeug und fordern Sie ihn auf dem Rückweg auf, es zu suchen. Klappt das gut, kann er auch erst am nächsten Tag zum Suchen nach dem Spielzeug geschickt werden. All das hält das Erinnerungsvermögen auf Trab.

ALTE FREUNDE TREFFEN

Hundesenioren pflegen gerne Freundschaften zu Kumpels aus alten Zeiten. Versuchen Sie, vertraute Hunde auf der Hundewiese zu treffen. Und schützen Sie Ihren alten Hund vor jungen Rüpeln, falls er sich im Kontakt mit ihnen hilflos zeigt. Lassen Sie auch neue Freundschaften zu — manchmal wirkt ein Junghund wie ein Jungbrunnen und verführt den Alten zu einem Flirt oder einer fröh-

lichen Rennerei – das tut dem Ego gut und macht stark! Schenken Sie ihm so viele positive Erlebnisse wie möglich und vermeiden Sie zu viel Stress. Alles, was er liebt, verschönert dem alten Hund seinen Alltag und bereitet ihm viel Freude.

LEBENSERWARTUNG

Ganz allgemein gilt: Die biologische Lebenserwartung ist von der Rasse und Größe eines Hundes abhängig. So haben z. B. große Hunde (im Allgemeinen über 45 kg) eine niedrigere Lebenserwartung als mittlere und diese wiederum eine niedrigere als kleine Hunde. Doch diese genetische und körperliche Grundverfassung kann durch unterschiedliche Umwelteinflüsse vollkommen auf den Kopf gestellt werden. Generell gilt für ein ganzes Hundeleben: Wem stets viel geistige Anregung und Anerkennung durch die Familie und genügend Bewegung zuteil und wer ausgewogen ernährt wurde, der hat gute Chancen, glücklich und gesund sehr alt zu werden. Wichtig sind schnelle Erfolgserlebnisse und kein Stress. Dann erhalten wir die geistige Fitness, wie eine Studie mit alten Hunden an der Eötvos Lorand Universität aus Budapest gerade zeigen konnte: Wurde den Hunden ihr Leben lang viel Lernstoff geboten, waren die Hunde auch im Alter noch deutlich besser in der Lage, Neues zu lernen. Leider hören viele Menschen mit den Hundejahren auf, dem alten Freund neue Herausforderungen zu stellen.

Alter ist keine Krankheit

Der Körper einer jeden Art hat eine Lebenserwartung, die in den Genen festgelegt ist. Beim Menschen beträgt sie maximal 120, beim Hund 21 Jahre. Gegen Ende der vorgeschriebenen Zeit verlangsamen oder stoppen Körperzellen nach und nach ihre Teilung. So wird die Alterung mehr und mehr sicht- und auch fühlbar. In der Folge lernt der alte Hund nicht mehr so schnell, ergraut im Gesicht und sein Hör- und Riechsinn werden schlechter. Doch diese Veränderungen bedeuten nicht, dass der Spaß am Leben vorbei sein muss, im Gegenteil. Mit körperlicher und geistiger Beschäftigung können Sie Ihrem Senior dabei helfen, noch lange fit und fröhlich zu bleiben.

Statistisches Alter von Hunden

Auch ein Hund ist nur so alt, wie er sich fühlt. Aber Jahreszahlen können auch eine Orientierung geben, ab wann unser Hund (zumindest offiziell) zum alten Eisen zählt:
— Hunde bis 10 Kilogramm ab 10 Jahre
— Mittelgroße Hunde (10 bis 25 Kilogramm) ab 8 Jahre
— Große Hunde (26 bis über 45 Kilogramm) ab 6 Jahre

ALTERSANZEICHEN

Ähnlich wie bei uns Menschen gibt es auch bei Hunden ganz typische Alterszeichen. Dass Ihr Hund langsam älter wird, könnten Sie an folgenden Symptomen erkennen:

Graue Haare

Gene bestimmen, wann Haare ergrauen – ein Hinweis auf körperlichen Verfall ist farbloses Fell aber meist nicht. Ein vollkommen ergrauter Hund kann noch fit sein, während ein optisch junger Hund kaum noch aufstehen kann.

Zahnprobleme

Zuerst kommt der Zahnstein, der das Zahnfleisch zurückdrängt, dann die Entzündung durch Bakterien, die sich hier gut ansiedeln können. Die Folge sind Schmerzen durch freiliegende Zahnhälse und eine große Gefahr fürs Herz, denn die Bakterien können aus der Mundhöhle zu den Herzklappen gelangen und dort eine tödliche Infektion auslösen. Besonders kleinwüchsige Hunde mit kurzen Schnauzen sind von Zahnstein betroffen, weil bei ihnen die Zähne oft sehr eng stehen. Hier hilft eine Zahnsteinentfernung beim Tierarzt und anschließend gutes Putzen mit speziellen Hundezahnbürsten.

Steifer Gang, Humpeln nach dem Aufstehen

Schmerzende Gelenke können durch spezielle Zusätze im Seniorenfutter wieder mehr Schwung bekommen. In entsprechenden Futtersorten finden sich häufig gelenkwirksame Substanzen wie entzündungshemmende Omega-3-Fettsäuren, Chondroitinsulfat oder Glukosamin. Auch gut: ein schonendes Muskelaufbautraining, das die Gelenke stabilisiert, z. B. im Sommer durch viel Schwimmen im See oder im Wasserbad beim Tier-Physiotherapeuten.

Stressempfindlichkeit und emotionale Reaktivität

Alte Hunde reagieren ähnlich wie älter werdende Menschen empfindlicher auf unvorhergesehene Situationen oder Stressmomente. Ihr Stresssystem ist nicht mehr so belastbar, gleichzeitig sind sie manchmal weniger „reaktiv", zeigen uns also nicht mehr so deutlich ihre Gefühle. Das bedeutet aber nicht, dass sie weniger Emotionen haben. Ein Bindungstest mit Hunden verschiedenen Alters hat gezeigt, dass die alten Hunde bei Trennung viel weniger intensiv reagierten als ihre jüngeren Artgenossen – der Gehalt an Stresshormonen im Speichel war aber höher!

„Vergesslichkeit"

An der Entstehung mancher „Marotten" sind wir wirklich unschuldig: Viele Hundesenioren leiden an Vergesslichkeit und scheinen sich an früher Gelerntes tatsächlich nicht mehr zu erinnern – sie haben es schlicht „vergessen". Dagegen ist leider kein wirklich wirksames Mittel gewachsen. Aber wir können das Hundegehirn auf Trab halten, indem

wir auch dem Senior noch neuen Lernstoff bieten (siehe S. 157 ff.). Doch sollten wir als Lehrer hier viel Milde walten lassen: Manche Hunde verweigern neue Trainingseinheiten gänzlich oder brauchen deutlich länger als früher, um zu durchschauen, was wir ihnen beibringen wollen. Was Sie hier also unbedingt brauchen, ist große Geduld.

Alzheimer bei Hunden

Eine weitere Steigerung der Vergesslichkeit ist das sogenannte „cognitive dysfunktions Syndrom", kurz „CDS". Dieses Krankheitsbild entspricht in etwa dem des Alzheimers bei Menschen. Bei beiden Erkrankungen kommt es sowohl zu Veränderungen im Gehirn als auch im Verhalten. Im Extremfall erkennen die betroffenen Hunde ihre alten Hundekumpels, schließlich sogar ihre Menschen nicht mehr wieder, verlaufen sich in der eigenen Wohnung und vergessen, wo der Futternapf steht. Helfen Sie Ihrem Hund in seinem Alltag, indem Sie ihm Ihre große Liebe zeigen und gewohnte Rituale täglich pflegen.

Hören Sie nicht auf, Ihren Senior zu beschäftigen. Auch er braucht Anerkennung für Arbeit, auch wenn sie unter seinen früheren Leistungen liegt.

Feste Gewohnheiten helfen dem alten Hund wie in Welpenzeiten, sich im Alltag zu orientieren, wenn das Gedächtnis schwächer und das Stresssystem labiler wird.

ERNÄHRUNG VON SENIOREN

Wenn Hunde älter werden, ändert sich ihr Energiebedarf – viele von ihnen werden pummelig, einige klapperdürr. Das ist nicht gut, denn mehr Gewicht belastet die ohnehin schon schwächer werdenden Gelenke, zu wenig spricht für eine Unterversorgung, und das öffnet Krankheiten die Tür. Außerdem brauchen alte Hunde eine Reserve, falls sie krank werden. Das Problem alter Hunde: Wenn sie sich weniger bewegen, bauen sie Muskelmasse ab und verwerten Kalorien nicht mehr, gleichzeitig verändern sich Stoffwechselfunktionen. Je nach Größe, körperlicher Konstitution und Veranlagung brauchen Senioren also unterschiedlich viele Kalorien und Nährstoffe am Tag. Informieren Sie sich bei Ihrem Tierarzt, welche Ursachen für die körperlichen Veränderungen in Frage kommen und welches Futter jetzt helfen könnte.

DER TAG DES ABSCHIEDS

Irgendwann ist der schwere Moment gekommen und wir müssen uns von unserem alten Freund verabschieden. Jetzt sind wir als verantwortungsvolle Hundehalter gefragt, die – meist gegen ihr Gefühl – entscheiden müssen, wann der richtige Zeitpunkt für ein würdevolles Ende gekommen ist.
Die wenigsten Hunde schlafen sanft ein – bei den meisten müssen wir festlegen, wann unser Hund zu sehr leidet. Einen Abschied auf diese Weise selbst in die Hand zu nehmen, ist ein schwerer Schritt und doch der letzte Freundschaftsdienst, den wir ihm erweisen können. Die erlösende Spritze zu bestellen, mag der schwierigste Telefonanruf unseres Lebens sein und uns zunächst wie ein Verrat erscheinen. Doch machen Sie sich klar: Ohne unsere fürsorgliche Pflege, unsere Liebe und Anerkennung wäre unser guter Freund niemals so glücklich alt geworden.

Würdevoll Abschied nehmen

Sie können das Ableben für den Hund erleichtern, wenn Sie den Tierarzt ins Haus kommen lassen. Die meisten Hunde fürchten Tierarztpraxen. Und der letzte Atemzug sollte in der vertrauten Umgebung, mit dem ihm wichtigen Menschen erfolgen. Wenn Sie den Besuch gut absprechen und das Finanzielle im Vorfeld regeln, wird der Tierarzt nur kurz erscheinen, die Spritze geben, und wieder aus dem Haus gehen. So können Sie ungestört Abschied nehmen und der Hund hat als letztes Bild von dieser Welt nur Sie – und nicht den weißen Arztkittel und die Praxis – vor Augen.

Erinnerungen

Machen Sie sich immer wieder klar, wie gut Sie es hatten, dass dieser Hund Ihr Leben geteilt und bereichert hat. Lassen Sie Trauer zu, aber versuchen Sie gleichzeitig zu vermeiden, dass sie jede Lebensfreude erstickt: Denken Sie an all die schönen Erlebnisse mit Ihrem Hund. Danken Sie ihm für all die Bereicherung und Liebe, die er Ihnen schenken konnte. Freuen Sie sich über all die Jahre, die Sie in Begleitung dieses wunderbaren Freundes verbringen konnten.

Bestattung

In Deutschland dürfen Sie den Hund auf dem eigenen Grundstück beerdigen, wenn Sie dabei eine maximale Tiefe von einem bis zwei Metern nicht unterschreiten. In der Schweiz ist das Begraben eines Hundes verboten. In vielen Städten gibt es mittlerweile Tierfriedhöfe und Tierkrematorien: Hier bekommen Sie die Asche Ihres Tieres und können Sie an einem persönlichen Ort aufbewahren oder ausstreuen. Auf dem Tierfriedhof bekommen Sie eine eigene Grabstelle mit Gedenkstein. Informieren Sie sich über die Gemeinde/den örtlichen Tierschutzverein. Auch Ihr Tierarzt berät Sie in all den Fragen des Abschiednehmens gerne und hilft mit Adressen von Tierbestattern.

NEUANFANG

Menschen trauern auf ganz unterschiedliche Weise um ihren Hund: Manche schaffen sich niemals wieder einen Nachfolger an, weil sie diesen einen, einzigartigen Kerl so sehr vermissen. Andere machen sich schon am nächsten Tag auf die Suche nach einem neuen vierbeinigen Freund – um sich von dem Verlust abzulenken und weil sie sich ein Leben ohne Hundebegleitung einfach nicht

Denken Sie dankbar an die gemeinsame Zeit, an all die besonderen Augenblicke.

vorstellen können. Wieder andere bemerken nach einem längeren Zeitraum der Trauer, dass sie die Anwesenheit eines Hundes vermissen. Gönnen Sie sich ein wenig Bedenkzeit, bevor Sie die ersten Schritte zum neuen Hund tun. Bitte beachten Sie: Ab jetzt gehören Sie zu den erfahrenen Hundehaltern. Und in vielen Tierheimen (siehe S. 32) warten großartige Hundeseelen auf eine zweite Chance – vielleicht mit Ihnen?

Wie auch immer Sie mit der Trauer um den Verlust Ihres geschätzten Freundes umgehen: Gehen Sie Ihren eigenen Weg. Und versuchen Sie, sich freizumachen von der Bewertung dritter. Menschen ohne Hund können nicht nachvollziehen, wie tief die Freundschaft zu einem Hund werden kann. Dieser Hund war ein einzigartiger Freund und Lebensbegleiter, und dies ist Ihre ganz persönliche Art, diesen großen Verlust zu ertragen.

SERVICE

Nützliche Adressen

Verband für das Deutsche Hundewesen (VDH) e. V.
Westfalendamm 174
D-44141 Dortmund
info@vdh.de
www.vdh.de

Österreichischer Kynologenverband (ÖKV)
Siegfried-Marcus-Str. 7
A-2362 Biedermannsdorf
www.oekv.at

Schweizerische Kynologische Gesellschaft (SKG)
Brunnmattstrasse 24
CH-3007 Bern
www.skg.ch

Deutscher Tierschutzbund e. V.
Bundesgeschäftsstelle
In der Raste 10
D-53129 Bonn
www.tierschutzbund.de

Internationaler Berufsverband der Hundetrainer & Hundeunternehmer (IBH) e. V.
Geschätsstelle
Ernst-Gremler-Str. 17
D-58239 Schwerte
www.ibh-hundeschulen.de

TASSO-Haustierzentralregister für die Bundesrepublik Deutschland e. V.
Otto-Volger-Str. 15
D-65843 Sulzbach/Ts.
info@tasso.net
www.tasso.net
24-Stunden-Notruf-Hotline: +49 (0) 6190937300

Institut für Tierernährung
Freie Universität Berlin
Königin-Luise-Str. 49
14195 Berlin
tierernaehrung@vetmed.fu-berlin.de

Ludwig-Maximilians Universität München
Ernährungsberatung für Hunde und Katzen.
Veterinärwissenschaftliches Department, Lehrstuhl für Tierernährung und Diätetik
Schönleutnerstraße 8
85764 Oberschleißheim
ernaehrungsberatung@tiph.vetmed.uni-muenchen.de

Spielekiste auf
—— Spielideen raus!

Mit nur 5 Spielzeugen, die jeder hat, lassen sich 50 Geschicklichkeitsspiele, Versteckspiele, Denkspiele, Suchspiele und Nasenspiele gestalten. Ob drinnen oder draußen, jung oder alt, geschickt oder ungeschickt: Für jeden Hund ist etwas dabei und die bunten Ideen sorgen für neuen Schwung im Hundealltag.

Unter **www.kosmos.de/content/buecher/ratgeber/hunde/hunde-spiele-mit-kate-kitchenham** finden Sie Filme zum Buch.

96 Seiten, ca. €(D) 9,99

Ihre Themen
—— Unser Newsletter

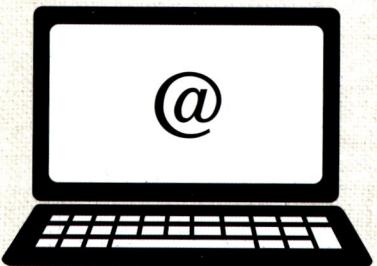

Sie möchten regelmäßig aktuelle Neuigkeiten, Informationen und Angebote zum Thema Hund erhalten?

**Fundiert recherchiert — Wissen aus der Praxis
Alles Wichtige auf einen Blick**

Dann melden Sie sich jetzt für unseren Newsletter an.

www.kosmos.de/newsletter

Wichtige Studien

Spielen nach dem Lernen macht Hunde schlau: Nadia Affenzeller et al., 2017: „Playful activity post-learning improves training performance in Labrador Retriever dogs (Canis lupus familiaris)." Erschienen in: Physiology & Behaviour, Volume 168, Pages 62 – 73

Raufspiele machen sozial und schlau: Jaak Panksepp & Erik Scott, 2012: „Reflections on Rough and Tumble Play, Social Development, and Attention-Deficit Hyperactivity Disorders." Erschienen in: Physical Activity Across the Lifespan. S. 23 – 40. New York: Springer.

Impulskontrolle ist individuell unterschiedlich gut: Emily Bray et al., 2013: „Context specificity of inhibitory control in dogs." Erschienen in: Animal Cognition, Volume 17, Issue 1, pp 15 – 31

Hunde bei der Heimkehr begrüßen: Therese Rehn et al., 2014: „Dogs' endocrine and behavioural responses at reunion are affected by how the human initiates contact." Erschienen in: Physiology & Behavior, Volume 124, Pages 45 – 53

Im Freilauf sind Hunde entspannter: Petr Řezáč et al., 2011: „Factors affecting dog – dog interactions on walks with their owners." Erschienen in: Applied Animal Behaviour Science, Volume 134, Issues 3 – 4, 15, Pages 170 – 176

Augenkontakt Mensch und Hund und Bindungshormon Oxytocin: Miho Nagasawa et al., 2015: „Oxytocin-gaze positive loop and the coevolution of human-dog bonds." Erschienen in: Science 348, 333 – 336

Menschen bewerten Objekte und der Hund erkennt die Emotion: Burbala Turcsan et al., 2015: „Fetching what the owner prefers? Dogs recognize disgust and happiness in human behaviour." Erschienen in: Animal Cognition, 18(1): 83 ± 94.

Stress in einer merkwürdigen Situation gleicht sich bei Besitzer und Hund: Schöberl, I., Beetz, A., Solomona, J., Wedl, M., Gee, N., Kotrschal, K., 2016: Social factors influencing cortisol modulation in dogs during a strange situation procedure. Journal of Veterinary Behavior: Clinical Applications and Research. Volume 11, Pages 77 – 85.

Zum Weiterlesen

Blümel, Mariella: **Beste Freunde.** Beziehungsbuch für Mensch und Hund.

Bucksch, Dr. Martin: **Gesunde Ernährung für Hunde.**

Esser, Johanna: **Körpersprache von Mensch und Hund.**

Gansloßer, Udo & Mechtild Käufer: **Auszeit auf Augenhöhe.** Mensch-Hund-Spiel: Kleiner Einsatz mit großer Wirkung.

Gansloßer, Udo & Kate Kitchenham: **Beziehung – Erziehung – Bindung.** Wie Hunde sich an unserer Seite entfalten können.

Gansloßer, Udo & Kate Kitchenham: **Hundeforschung aktuell.** Anatomie, Ökologie, Verhalten.

Grewe, Michael & Inez Meyer: **Hoffnung auf Freundschaft.** Das erste Jahr des Hundes.

Käufer, Mechtild: **Spielverhalten bei Hunden.** Spielformen und -typen, Kommunikation, Körpersprache.

Kitchenham, Kate: **Spielekiste für Hunde.** 5 Spielzeuge, 50 Spielideen.

Kitchenham, Kate: **Wissen Hunde, dass sie Hunde sind?** Wie Hunde denken und fühlen.

Przygoda, Jeanette: **An lockerer Leine.** Der leichte Weg zum leinenführigen Hund.

Rauth-Widmann, Brigitte: **Die Sinne des Hundes**. Wie Hunde ihre Welt wahrnehmen.

Register

BILDNACHWEIS

Mit 125 Farbfotos von Heiner Orth.
Weitere Farbfotos von Anna Auerbach/Kosmos (4: S. 108, 109, 122, 123); Daniela Drews/Kosmos (3: S. 152, 154); Claudia Hettwer/Kosmos (1: S. 5); iStock (9: S. 34/Arina Bogachyova, S. 35/Aleksandr Zotov, S. 37/RyanJLane, S. 43/wunder visuals, S. 45/Talashow, S. 46/Twinkle Studio, S. 47/ChristinLola, S. 64/dimarik, S. 74/Olena Klymenok); Shutterstock (2: S. 136/otsphoto).

IMPRESSUM

Umschlaggestaltung von GRAMISCI Editorialdesign unter Verwendung von 5 Farbfotos von Heiner Orth und ein Farbfoto von Claudia Hettwer/Kosmos (Klappe hinten außen).

Mit 150 Farbfotos.

Unser gesamtes Programm finden Sie unter **kosmos.de.**
Über Neuigkeiten informieren Sie regelmäßig unsere Newsletter, einfach anmelden unter **kosmos.de/newsletter**

Gedruckt auf chlorfrei gebleichtem Papier

© 2019, Franckh-Kosmos Verlags-GmbH & Co. KG, Stuttgart.
Alle Rechte vorbehalten
ISBN 978-3-440-15989-7
Redaktion: Hilke Heinemann
Gestaltungskonzept: GRAMISCI Editorialdesign, München
Gestaltung und Satz: Atelier Krohmer, Dettingen/Erms
Produktion: Andrea Hehn, Nina Renz
Druck und Bindung: Print Consult GmbH, München
Printed in Slovakia/Imprimé en Slovaquie